中文版 UG NX 1980 基础教程

主　编　李光荣　何小龙　赵素芳

副主编　钱正春　徐伟伟　曹远国

U0290832

电子工业出版社
Publishing House of Electronics Industry
北京·BEIJING

内 容 简 介

本书是针对 UGS 最新推出的 CAD/CAE/CAM 一体化软件——中文版 UG NX 1980 编写的教科书。全书共 8 章，内容包括三维建模基础、UG NX 1980 的基础知识、绘制草图、实体建模、装配设计、工程图、综合实例一、综合实例二。最后两章通过综合实例完整地介绍零件设计和装配设计等内容。采用本书作为教科书和培训用书的教师，可登录华信教育资源网（www.hxedu.com.cn）查看实例文件和习题中操作建模题的答案。

本书面向 UG 软件的初级和中级用户，除了可作为高等院校机械类、工程类等相关专业开设的 UG 软件课程的教材使用，还可以作为各种培训机构的培训教材，以及企事业单位相关专业技术人员从事三维建模工作的理想参考书。

图书在版编目（CIP）数据

中文版 UG NX 1980 基础教程 / 李光荣，何小龙，赵素芳主编. —北京：电子工业出版社，2022.8
ISBN 978-7-121-44111-0

Ⅰ. ①中…　Ⅱ. ①李… ②何… ③赵…　Ⅲ. ①计算机辅助设计－应用软件－高等学校－教材　Ⅳ.①TP391.72

中国版本图书馆 CIP 数据核字（2022）第 145775 号

责任编辑：赵玉山
印　　刷：北京天宇星印刷厂
装　　订：北京天宇星印刷厂
出版发行：电子工业出版社
　　　　　北京市海淀区万寿路 173 信箱　邮编　100036
开　　本：787×1092　1/16　印张：13　字数：333 千字
版　　次：2022 年 8 月第 1 版
印　　次：2024 年 8 月第 4 次印刷
定　　价：42.00 元

凡所购买电子工业出版社图书有缺损问题，请向购买书店调换。若书店售缺，请与本社发行部联系，联系及邮购电话：（010）88254888，88258888。

质量投诉请发邮件至 zlts@phei.com.cn，盗版侵权举报请发邮件至 dbqq@phei.com.cn。

本书咨询联系方式：zhaoys@phei.com.cn。

前　言

　　UG（Unigraphics）软件是美国 UGS 公司推出的 CAD/CAM/CAE 一体化集成软件，2007 年 4 月该公司被德国西门子公司收购，已在航空航天、汽车、通用机械、工业设备、医疗器械及其他高科技应用领域的机械设计和模具加工自动化市场上得到了广泛的应用。UG NX 1980 是目前市场上最新的软件版本，它不仅覆盖了产品设计开发的整个过程，包括实体造型、曲面造型、模拟装配、工程图生成、机构运动分析、动力学分析、有限元分析、仿真分析等，而且与以往版本相比，对基础模块、设计模块、编辑加工模块等进行了更新和添加，比如新增了"语音识别"功能，即说出命令的名称来启动命令；分析-测量命令增强，可以通过 1、2、3、4、5、6 数字键来切换测量对象；可以导出新的文件格式：GLTF 文件和 GLB 文件格式，以通过 3D 查看器更方便地查看设计模型；同步建模，可以批量搜索体上相同类型的孔，即查找克隆的孔来进行批量修改；新增轮廓筋板；简化装配命令增强；新增多轴联动开粗，即"旋转部件的粗加工"命令；新增"多轴去毛刺"命令；"可变轴引导曲线"命令新增"多重深度"选项，新增多轴增材制造功能，新增 3D 打印功能等。这些改进使得软件功能更加智能化、便捷化、准确化。

　　本书介绍的是最新版本的中文版 UG NX 1980 软件的基本功能模块，以产品设计开发的一般过程为主线，通过大量详尽的实例，深入浅出地介绍了 UG 软件的 CAD 功能，通过学习本书，能使初学者在较短时间内掌握 UG 软件的基本操作方法，并运用于实际工作中。

　　本书编写的指导思想是加强基本理论、基本方法和基本技能的培养，在此基础上以建模为主线，注重操作技能的培养。从曲线和草图入手，逐步向三维实体延伸；从建立基本形体起步，不断向结构复杂的零件级实体模型深入，最终以灵活掌握常用机械零部件的设计建模、装配建模和工程图生成方法为目的，注重应用性和工程化。

　　本书由李光荣、何小龙、赵素芳主编，其中第 1～2 章由曹远国、李光荣编写，第 3～4 章由徐伟伟编写，第 5～6 章由钱正春编写，第 7～8 章由赵素芳、何小龙编写，由李光荣负责全书的统稿和校核。

　　虽然作者在编写过程中力求叙述准确、完善，但由于水平有限，加之时间紧迫，书中难免存在不妥或疏漏之处，恳请广大读者给予批评指正。

编　者

2022 年 2 月

目　　录

第1章

三维建模基础

本章介绍三维建模的基础知识，包括相关的概念、三维建模的种类、建模原理和数据交换的标准等。本章涉及的知识适用于所有三维建模软件。

通过本章的学习，读者可以系统地了解和掌握三维建模的原理和原则，为合理使用软件奠定理论基础。

1.1 基本概念

1.1.1 维度

维度（Dimension），又称为维数，在物理学的领域内，指独立的时空坐标的数目。零维是一个无限小的点，没有长度。一维是一条无限长的线，只有长度。二维是一个平面，是由长度和宽度组成面积。三维是二维加上高度组成体积，如图 1.1 所示。

我们的现实世界是一个三维的世界，任何物体都具有三个维度。在工程界，工程图纸长期作为产品几何信息的载体，而在工程图纸上的单个平面图形只能反映产品的二维信息。为了表达完整的产品三维信息，人们设计了一些制图规则，这些规则的共同点是将三维信息分解成二维信息，例如将三维产品向规定的不同方向投影，形成二维的视图，如图 1.1 所示，以便

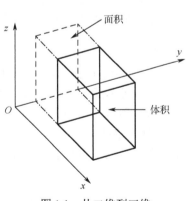

图 1.1　从二维到三维

可以用工程图纸保存信息。而三维建模则需要保存三维的信息，广义地讲，所有的产品制造过程，包括模型或者是样机，都可称为产品的三维建模过程。本书所讨论的"三维建模"是指在计算机上建立产品的三维数字模型的过程。

理解二维和三维的区别很重要。即使是显示在屏幕上的计算机中的三维模型，操作者也只能看到二维的图像，因此在三维建模中，"旋转"三维模型是常见的操作。

1.1.2　图形对象

图形是指在一个二维空间中可以用轮廓划分出若干的空间形状，图形是空间的一部分，不具有空间的延展性，它是局限的可识别的形状。CAD 软件涉及的图形对象主要有点、线、面和体。

1．点

点是零维的几何形体。在三维建模中，点无大小。CAD 中的点一般可分为两类，一类是构成几何图形的点，可以对它进行建立、编辑和删除等操作；另一类是几何图形对象的特征点，如线段的端点、中点、两条线的交点或圆弧的圆心。第二类点可以作为"控制点"而被鼠标选中，不能独立创建和直接编辑，但可随相关的几何图形对象的变化而变化。

2．线

线是一维的几何形体，可分为直线和曲线。在三维建模中，线无宽度。
直线可以通过两个点，或一个点和直线的方向来确定。
曲线包括二维平面曲线和三维空间曲线。二维平面曲线又有基本曲线和自由曲线之分。基本曲线是可以用数学方程表达的曲线，例如二元二次方程 $Ax^2+By^2+Cxy+Dx+Ey+F=0$，在三维建模中通常都有对应的命令直接创建。自由曲线没有已知的解析表达式，轮廓常用离散点表示，特点是有较强的随意性，线的走向比较自由，没有显著的规律，变化极为丰富。常见的自由曲线有 Ferguson 曲线、Bezier 曲线、B 样条曲线和 NURBS 曲线等。
在三维建模里，线的运动能形成面。

3．面

面是二维的几何形体，分平面和曲面。二维的几何体也可以理解成：面没有厚度。
在三维建模中，面作为一种图形对象，其运动可生成体。

4．体

体是三维的几何形体。三维建模的目的就是建立三维形体。
三维形体通常可以通过二维形体的运动形成。这种创建三维形体的进程可分成两步：创建二维形体和运动（例如拉伸）。需要指出的是，整个创建三维形体的工作可灵活地分配到这两个进程中。例如一个复杂的三维形体可以由一个复杂的二维形体通过少数的运动获得，或者由多个简单的二维图形通过多次运动获得。这种灵活的工作分配对有效地建立三维模型有重要的意义。

1.1.3　视图变换与物体变换

由于我们的眼睛看见的图像仍然是二维的，为了看清局部图形或者是其他视角才能看见的图形，所有的 CAD 软件都提供了在屏幕上的平移、缩放和旋转等功能。
在屏幕上平移或缩放物体，相当于改变了物体与屏幕之间的位置关系，包括屏幕上的左右、上下和远近关系，其中缩放模拟了视点距离物体不同远近的观察效果；旋转屏幕中的物体，相当于改变了视点与物体之间的相对方位。这些操作都是仅仅改变物体与屏幕之间的位置关系，不会改变物体的几何尺寸和形状，该操作称为图形变换。
CAD 软件同时还提供物体变换功能，以实现对物体的平移、缩放、旋转、拷贝、移动和阵列等操作。这些操作作用于物体，有可能会改变物体的尺寸和形状。

视图变换与物体变换在实现方法上有相同之处，但有本质区别。视图变换是改变物体与屏幕之间的位置关系，物体本身的几何尺寸和各个图形对象的相对位置关系不变，因此不能进行拷贝和阵列等操作；物体变换是对物体本身的操作。例如，同样是缩放，视图变换改变的是物体相对屏幕的远近关系，而物体变换则是相对于原物体，放大或缩小的操作，会改变物体的实际尺寸。

1.1.4　人机交互

设计意图必须借助某种方式传递给计算机，同时也需要计算机反馈计算机里的产品信息给操作者，这个信息交换方式就是人机交互。

人机交互实际上是计算机的输入/输出。计算机的输入设备通常有键盘、鼠标、扫描仪等，输出设备主要有显示器和图形绘制设备。

人机交互的操作有拾取、输入和显示。

- 拾取：用鼠标选取计算机显示器上的对象，如菜单选择、对话框选择、工具栏选择和图形对象选择等。
- 输入：用键盘或其他设备输入数据或各种文字，如命令输入、尺寸输入等。
- 显示：显示器显示操作的结果。所有的交互操作在屏幕上都有反应，如命令提示、对象高亮和操作结果显示等。

交互操作是三维建模中最频繁的操作之一，在三维建模中非常重要。以拾取为例，在创建多边形草图的过程中，如果相邻的两条直线不是端点相连，那么就不能创建符合设计的三维模型或根本不能生成三维模型，因此为了快速、有效地建立三维模型，必须理解和掌握人机交互的意义和要领。

1.2　三维建模种类

根据三维建模的常用方法，三维建模有特征建模、参数化建模和变量化建模。需要指出的是，这三种建模方式在概念上并不是独立存在的。其中，特征建模是基本的建模方法，参数化建模和变量化建模要以特征建模为基础。

1.2.1　特征建模

一个物体通常可以由一系列带有基本形状的特征组成，如图 1.2 所示。

特征目前没有统一的定义。一般认为，特征是产品开发过程中各种信息的载体，除了包含零件的几何拓扑信息外，还包含了设计制造等过程所需的一些非几何信息，如材料信息、尺寸、形状公差信息、热处理及表面粗糙度信息和刀具信息等，因此特征包含丰富的工程语义，它是在更高层次上对几何形体上的凹腔、孔、槽等的集成描述。

在三维建模里，特征有两类。一类特征是去除材料，叫负空间特征，如图 1.2 中的盲孔和通槽；另一类特征是增加材料，叫正空间特征，如图 1.2 中的凸台。

特征建模技术使得产品的设计工作在更高的层次上进行，设计人员的操作对象不再是二维的线条或其他图形对象，而是与产品功能或加工进程相关的实体对象。例如，图 1.2 中的凸台可以看成是与功能相关的实体对象；图 1.2 中的盲孔和通槽可以看成与功能相关的实体对象或与加工进程相关的实体对象。特征的使用直接体现了设计意图或加工进程，使得建立的产品模型更容易理解和后期的加工生产，为参数化建模和变量化建模创造了条件。

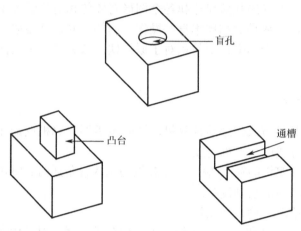

图 1.2　特征实例

1.2.2　参数化建模

参数化建模是一种计算机辅助设计方法，是参数化设计的重要过程。在参数化建模环境里，零件是由特征组成的，特征由正空间或负空间构成。

参数化设计过程是指从功能分析到创建参数化模型的整个过程。参数化建模是参数化设计的重要过程，建模时的关键问题就是如何创建一个满足设计要求的参数化模型。在进行参数化建模时需要考虑多方面的因素：

（1）分析组成零部件几何形体的基本元素，以及各个元素之间的关系。

（2）分析自由参数与哪些元素有关。

（3）确定模型主特征及所有的辅助特征。

图 1.3　参数化建模

（4）利用表达式编辑器，按照自由参数对部分表达式进行分析。

（5）确定特征创建顺序，并进行模型的创建。

（6）更改各个自由参数的值，验证模型的变化是否合理。

参数化建模适用于能分解为基本的几何元素或模型能通过布尔运算的方式组合而成的模型。所以，参数化建模一般用来创建有确定的拓扑结构的零件，如紧固件和齿轮等。如图 1.3 所示，直齿轮的主要尺寸依赖于齿轮的宽度、模数、齿数和压力角。当宽度、模数、齿数或压力角改变时，其他尺寸也随着变化，如分度圆直径、齿顶圆直径等，模型也跟着变化。参数化建模就适合这类系列化且结构相似的产品。

参数化技术在设计过程中，将形状和尺寸联合起来一并考虑，通过尺寸约束来实现对几何形状的控制。设计人员可以针对零件上的任意特征直接进行图形化的编辑，可直接考虑产品的形状、结构和功能，这就使得设计人员对其三维产品的设计更为直观和实时。

1.3　图形交换标准

不同的 CAD 软件各有优势，一个产品通常可以使用多种 CAD 软件完成不同的部分，如用 UG NX 完成一部分建模工作，用 PRO-E 或 CATIA 完成另一部分建模工作。建好的模型导入 ANSYS 或 ADAMS 等分析软件中进行分析。为了能够数据共享，这些工作都涉及不同软件间的数据交换问题。

常用的图形数据交换标准分为二维图形数据交换标准和三维图形数据交换标准。其中，二维图形数据交换标准有基于二维图纸的 DXF（Drawing Exchange Format）数据文件格式，三维图形数据交换标准有基于曲面的 IGES（Initial Graphics Exchange Specification）图形数据交换标准、基于实体的 STEP（Standard for the Exchange of Product Model Data）标准和基于小平面的 STL（STereoLithography）标准等。

1.3.1　二维图形数据交换标准（DXF）

DXF 是一种开放的矢量数据格式，可以分为两类：ASCII 格式和二进制格式。ASCII 格式具有可读性好的特点，但占用的空间较大；二进制格式则占用的空间小、读取速度快。由于 AutoCAD 是最流行的 CAD 系统，DXF 也被广泛使用，成为事实上的标准。绝大多数 CAD 系统都能读入或输出 DXF 文件。

二维图形目前仍是工程设计及制造过程中主要的图形数据形式之一。二维图形数据交换标准在三维软件和二维软件之间实现数据共享起到了重要作用。

1.3.2　初始图形交换标准（IGES）

IGES 是由美国国家标准局颁布的描述和传输产品定义数据的标准，可用于不同的 CAD/CAM 系统之间的数据交换。其原理是：通过前处理器把发送系统内部定义的产品定义文件，翻译成符合 IGES 规范的"中性格式"，再经过后处理器翻译成接收系统的内部文件。

在 IGES 文件中最基本的信息单位是元素（entity）。这些元素可分为 3 类：

（1）为描述产品形状所需的几何元素，如点、线、面等元素。

（2）为描述尺寸标注及工艺信息所需的标注图形元素。

（3）为描述逻辑关系所需的属性和结构元素。

IGES 是为在不同 CAD/CAM 系统之间执行产品数据交换而确定的一种具有代表性的标准，并且大多数的 CAD/CAM 系统都声称已提供 IGES 接口，但是在实际使用过程中，常常会出现一些问题。如在由 GIES 变换成 CAD/CAM 系统的数据格式的过程中，经常会发生数据丢失的现象，甚至出现某个或者某几个实体特征无法转换而导致整个图形无法转换，因此在三维建模后的后期处理中，读者要特别注意使用 IGES 规范得到的转换图形的使用场合。

1.3.3　产品模型数据交换标准（STEP）

STEP 标准既是一种产品信息建模技术，又是一种基于面向对象思想方法的软件实施技术。它支持产品从设计到分析、制造、质量控制、测试、生产、使用、维护到废弃整个生命周期的信息交换与信息共享，目的在于提供一种独立于任何具体系统而又能完整描述产品数据信息的表示机制和实施的方法与技术。在设计和制造中，许多系统过去常常要处理技术产品数据，每个系统有它自己的数据格式，所以相同的信息必然在多个系统中多次存储，这就导致了信息的冗余和错误。

1.3.4 光固化立体造型术（STL）

STL 模型是以三角形集合来表示物体外轮廓形状的几何模型。STL 模型重建的过程如下：

（1）重建 STL 模型的三角形拓扑关系。

（2）从整体模型中分解出基本几何体素。

（3）重建规则几何体素。

（4）建立这些几何体素之间的拓扑关系。

（5）重建整个模型。

在实际应用中对 STL 模型数据是有要求的，尤其是在 STL 模型广泛应用的 RP 领域，对 STL 模型数据均需要经过检验才能使用。这种检验主要包括两方面的内容：STL 模型数据的有效性和 STL 模型封闭性检查。有效性检查包括检查模型是否存在裂隙、孤立边等几何缺陷；封闭性检查则要求所有 STL 三角形围成一个内外封闭的几何体。

由于 STL 模型仅仅记录了物体表面的几何位置信息，没有任何表达几何体之间关系的拓扑信息，所以在重建实体模型中凭借位置信息重建拓扑信息是十分关键的步骤。另一方面，实际应用中的产品零件（结构件）绝大多数是由规则几何形体（如多面体、圆柱、过渡圆弧）经过拓扑运算得到的，因此对于结构件模型的重构来讲，拓扑关系重建显得尤为重要。实际上，CAD/CAM 系统中常用的 B-rep 模型即是基于这种边界表示的基本几何体素布尔运算表达的。

思考题与操作题

1-1 思考题

1-1.1 什么是形体的"维"？"一维""二维""三维"在三维建模过程中有什么关联？

1-1.2 特征建模与制造有什么联系？

1-1.3 图形交换标准解决了什么问题？

1-2 操作题

1-2.1 熟悉常见三维软件的功能和相关界面。

第 2 章

UG NX 1980 的基础知识

学习 UG NX 1980，必须熟悉 UG NX 1980 的工作环境、常用工具和基本元素等，这些是学习和使用 UG NX 1980 的基础。

2.1 UG NX 1980 工作环境

2.1.1 UG NX 1980 软件的启动与退出

1. 启动 UG NX 1980 软件

有 3 种方式可以启动 UG NX 1980 软件：

（1）选择快捷菜单【开始】|【Siemens NX】|【NX】 可以启动 UG NX 1980 软件，如图 2.1 所示。系统加载 UG NX 1980 启动程序，屏幕上出现启动画面，如图 2.2 所示。软件启动后的初始界面如图 2.3 所示。

图 2.1　用快捷菜单启动 UG 软件

图 2.2　UG NX 1980 启动画面

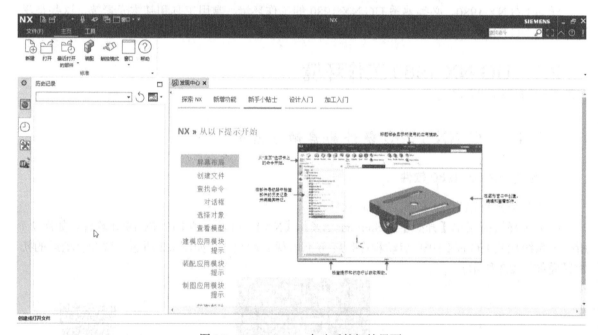

图 2.3　UG NX 1980 启动后的初始界面

图 2.4　用桌面图标启动 UG 软件

（2）双击桌面上的快捷图标 NX 可以启动 UG NX 1980 软件，如图 2.4 所示，后面的过程与上一种方法启动过程相同。

（3）双击已有的 UG 文件（*.prt 格式），可以启动 UG NX 1980 软件，同时打开该文件。

2.　退出 UG NX 1980 软件

有 3 种方式可以退出 UG NX 1980 软件：

（1）选择窗口菜单【文件(F)】|【退出(X)】可以退出 UG NX 1980 软件，如图 2.5 所示。

（2）单击窗口关闭图标 ✕ 也可以退出 UG NX 1980 软件。

（3）单击窗口标题栏左侧的图标，在出现的快捷菜单里单击"关闭"命令，如图 2.6 所示。

图 2.5　窗口菜单退出 UG NX 1980 软件　　　图 2.6　窗口标题栏图标的快捷菜单退出 UG NX 1980 软件

2.1.2　UG NX 1980 工作界面

1. 标准显示窗口

启动 UG NX 1980 系统后，通过菜单【文件(F)】|【新建(N)】，可创建一个"模型"，创建"模型"的界面如图 2.7 所示。

图 2.7　创建"模型"的界面

在创建一个模型后，进入"模型"模块，界面如图 2.8 所示。

（1）标题栏。

标题栏的主要作用是显示应用软件的图标、名称、当前工作模块和文件名称等。

（2）菜单栏。

菜单栏由 11 个主菜单组成，几乎包含所有的功能命令。菜单栏的功能命令可由用户根据个人的习惯定制。主菜单【文件】包含子菜单，单击其他菜单，可弹出对应的工具栏。

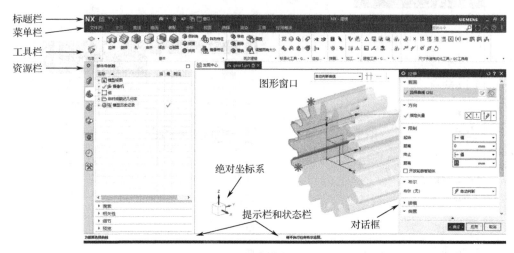

图 2.8　建模窗口

（3）工具栏。

单击工具栏上的图标，可调用相应的命令。在 UG NX 1980 中，工具栏中的图标已按其对应的功能命令分成了不同的组，同一类的命令在一个组里。

（4）资源栏。

资源栏里可以放置一些常用的工具，包括装配导航器、约束导航器、部件导航器、重用库、MBD 导航器、MBD 查询、HD3D 工具、Web 浏览器、历史记录、Process Studio、加工向导和角色。这些工具在资源栏里的放置可以由用户根据需要通过"资源条选项"来定制，如图 2.9 所示。

图 2.9　资源栏

（5）图形窗口。

创建、查看或修改模型的区域。

绘图区域的属性设置，包括部件的透视、样式以及绘图背景等可通过"视图"命令来设置，如图 2.10 所示。

图 2.10　绘图区域属性设置

（6）对话框。

对话框的作用是实现人机交互。通过对话框，UG NX 1980 能够接收用户的设计意图，用户也可以查询设计对象的属性及几何参数等。对话框通常由动作按钮、下拉列表框、文本框等构成，如图 2.11 所示。

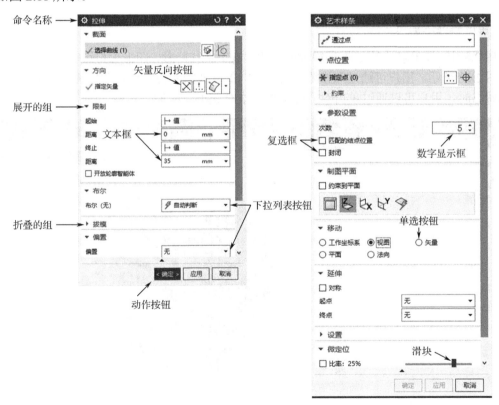

图 2.11　对话框

- 文本框：用于输入或显示文字或数字等。
- 数字显示框：用来选择或输入数字、显示数字。
- 下拉列表框：列出可以选择或操作的对象，其内容的形式可以是文字、数字或图形。
- 矢量反向按钮：使当前的矢量反向。
- 单选按钮：在一组选项中，只能选一个选项。

- 复选框：不会影响其他选项的选项。当一组选项多于一项时，可多选。
- 滑块：移动滑块，可获得某一数值。
- 动作按钮：单击该按钮可以完成某个动作或弹出另一个对话框。对话框中常用的动作按钮及其对应的功能如表 2.1 所示。

表 2.1   动作按钮及功能

按钮	功能
【确定】	完成操作并关闭对话框，对话框中的设置软件接受
【应用】	完成操作但不关闭对话框，对话框中的设置软件接受
【取消】	取消操作并关闭对话框，对话框中的设置软件不接受

（7）提示栏和状态栏。

提示栏的作用是显示与操作相关的信息。在执行每个指令时，系统会在提示栏中显示下一步需要完成的步骤。

状态栏的作用是显示操作的状态信息。在指令执行后，系统会在状态栏中显示该指令结束的信息。

2. 全屏幕显示窗口

在图 2.8 中，工具栏占用了屏幕很大的一块面积。将其隐藏，图形窗口可获得更多的屏幕面积，如图 2.12 所示。用户可通过双击除【文件（F）】以外的其他菜单，在隐藏和显示之间切换。在隐藏状态时，用户可以通过单击对应的菜单，临时获得对应的工具栏。

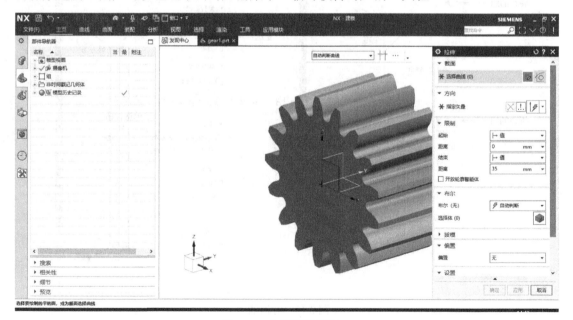

图 2.12   全屏幕显示窗口

2.1.3　文件的操作

文件的操作主要包括文件的新建、打开、关闭、保存。这些操作可以通过系统的下拉菜单【文件（F）】或【主页】菜单下的工具条中的命令来完成，如图 2.13 所示。

图 2.13　【文件】和【主页】菜单

提示：符号"…"表示该菜单下有对话框。符号"Ctrl+N""Ctrl+O"和"Ctrl+P"表示快捷键。符号"▶"表示该菜单有下一级菜单。

1. 新建文件

选择菜单【文件(F)】|【新建(N)】或单击【主页】菜单下的工具条中的"新建"命令图标，打开如图 2.14 所示的"新建"对话框，然后选择一个模板来创建新的产品文件。UG NX 1980 是一个交互式 CAD/CAM 集成的系统，"新建"对话框包括与之相关的 18 个选项卡。

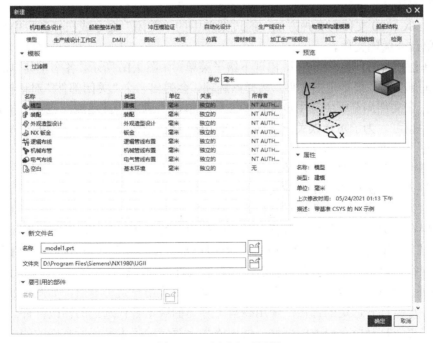

图 2.14　"新建"对话框

2．打开文件

选择菜单【文件(F)】|【打开(O)】或单击【主页】菜单下的工具条中的"打开"命令图标，打开如图 2.15 所示的"打开"对话框。通过浏览框选中欲打开的文件，单击"确定"按钮或双击欲打开的文件即可。

图 2.15　"打开"对话框

3．关闭文件

关闭 UG NX 1980 文件有 2 种方法，通过菜单中的"关闭"命令或在任务栏中直接关闭。

（1）菜单命令关闭文件。

选择菜单【文件(F)】|【关闭(C)】，出现下级子菜单，如图 2.16 所示。各个子菜单的含义如下。

● 选定的部件：关闭指定的文件。选择该选项，会弹出一个"关闭部件"对话框，如图 2.17 所示。在文件浏览框中选中要关闭的文件，单击"确定"按钮或"应用"按钮，直接双击文件也可。为了防止误关闭，UG NX 1980 会在指定文件没有保存的情况下弹出"关闭文件"对话框，提醒用户保存文件，如图 2.18 所示。

● 所有部件：关闭当前所有已经加载的文件。

● 保存并关闭：保存并关闭当前文件。

● 另存并关闭：用其他名称保存文件并关闭。

● 全部保存并关闭：保存并关闭所有当前已经加载的部件。为了防止误退出，UG NX 1980 会弹出"全部保存并关闭"对话框，提醒用户是否保存并关闭所有部件，如图 2.19 所示。

● 全部保存并退出：保存所有当前已经加载的文件并退出软件系统。为了防止误退出，UG NX 1980 会弹出"全部保存并退出"对话框，提醒用户是否退出，如图 2.20 所示。

● 关闭并重新打开选定的部件：使用磁盘上存储的版本替代选定的修改部件。

● 关闭并重新打开所有修改的部件：使用磁盘上存储的版本替代所有修改的部件。

图 2.16　关闭文件菜单

图 2.17　"关闭部件"对话框

图 2.18　"关闭文件"对话框

图 2.19 "全部保存并关闭"对话框 　　　　图 2.20 "全部保存并退出"对话框

（2）任务栏中关闭文件。

在任务栏中直接单击待关闭文件的关闭按钮▣，如图 2.21 所示。

单击指定文件的关闭按钮

图 2.21 　任务栏中关闭文件

4．保存文件

选择菜单【文件(F)】|【保存(S)】，可保存文件。保存文件的功能在关闭文件功能中已经描述。为了避免意外造成的文件丢失或损坏，在建模过程中，建议用户定期保存当前的文件。

5．导入/导出

导入或导出指定的格式文件。通过该功能可以实现 UG NX 1980 和其他软件的数据共享。

6．属性

查询、添加或修改部件的属性。

2.1.4　UG NX 1980 软件的功能模块进入

UG NX 1980 软件的各种功能都是通过相应的应用模块来实现的，每一个应用模块都是软件的一部分，它们既相对独立，又相互关联。UG NX 1980 软件的模块在用户创建文件时就需要使用，如图 2.14 所示。在建模过程中，在建模主界面上，在"应用模块"菜单下，选择下拉菜单中的指定模块也可进入需要的功能模块，如图 2.22 所示。

图 2.22 "应用模块"菜单

主要的模块有建模、钣金、制图和加工等。进入指定的模块后，主界面上的【主页】菜单下的命令会相应地切换成当前模块所对应的命令，如图 2.23 所示。

（a）"建模"模块的主页菜单下的命令

（b）"制图"模块的主页菜单下的命令

图 2.23   不同模块的主页菜单下的命令

2.1.5 工具条的制定

对于不同的功能，UG NX 1980 软件都有对应的工具条进行切换。每个工具条里的按钮都对应一个命令，如图 2.23 所示。

为了满足不同用户的习惯，UG NX 1980 允许用户定制工具条。对工具条的定制，既可以在已有工具条的基础上，对命令进行增、减的设置，也可以进入定制对话框进行设置。

单击需要增、减命令的组的"组选项"按钮▼，弹出该组的命令清单。通过在清单上单击需要定制的命令，在显示和隐藏之间进行切换。在切换过程中，命令前面有"√"表示显示状态，空白表示隐藏状态，如图 2.24 所示。

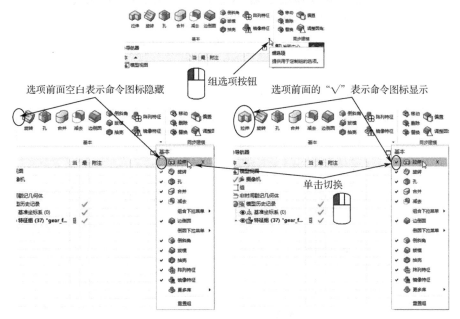

图 2.24   对命令进行增、减设置

通过定制对话框进行工具条设置的方法是，在菜单栏区域空白处或工具栏区域，右击弹出

快捷菜单，选中"定制"，单击，如图 2.25 所示。可以定制的内容包括："命令""选项卡/条""快捷方式"和"图标/工具提示"。

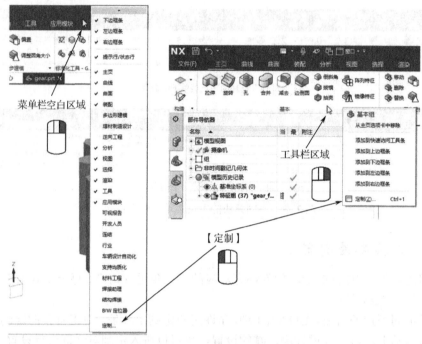

图 2.25　进入定制工作条设置

单击"定制"后，出现"定制"对话框，如图 2.26 所示。

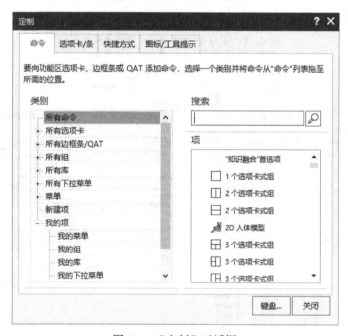

图 2.26　"定制"对话框

在"定制"对话框弹出的状态下，单击命令图标按钮将不执行相应的命令操作。在该状态下，建模过程暂停，系统进入工作环境定制的状态。

　　右击待定制的命令，将弹出定制快捷菜单，可以对命令的图标进行定制，包括更改图标、图标大小和图标下的标签名称及是否显示等，如图 2.27 所示。

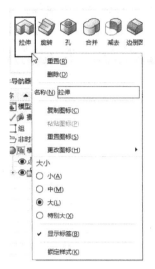

图 2.27　图标的定制

1. "命令"选项卡

　　通过"命令"选项卡，可以设置工具栏中命令图标的显示和隐藏。在通过定制对话框进行工作条设置时，相关命令图标的"显示"和"隐藏"是通过拖放相关的图标按钮来实现的，如图 2.28 所示。

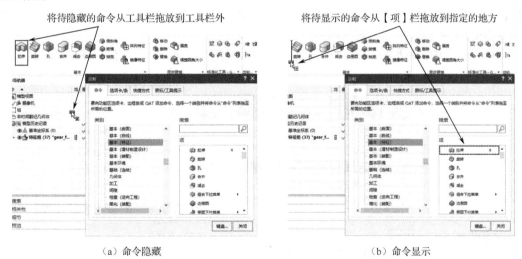

（a）命令隐藏　　　　　　　（b）命令显示

图 2.28　通过定制对话框进行工作栏命令设置

　　命令的"隐藏"只需在定制对话框弹出的状态下，将待隐藏的命令从工具栏"拖放"到工具栏以外的区域即可。在定制对话框弹出的状态下，单击命令图标按钮将不执行相应的命令操作。

　　需要注意的是，在"隐藏"命令时，需要将待隐藏的命令从工具栏"拖放"到工具栏以"外"的区域。如果是"拖放"到工具栏的其他区域，则实现的是该命令图标的"移动"。从分类管理的观点看，不鼓励将命令图标移动到不同类的其他组里。

命令的"显示"设置是在定制对话框中的"命令"选项卡下，通过"类别"栏选择待定制的工具栏，然后在"项"栏中选择需要显示的命令，通过拖放该命令到指定位置来实现。

单击"键盘"按钮 键盘... ，可以设置该命令的键盘操作，如图 2.29 所示。该设置方法也适用于"选项卡/条""快捷方式"和"图标/工具提示"的键盘操作的定制。

图 2.29　定制键盘

2. "选项卡/条"选项卡

"选项卡/条"选项卡用于定制菜单栏的选项卡/条。通过单击资源栏里的选项卡/条，可实现该选项卡/条的"显示"和"隐藏"切换。

单击菜单栏上的图标 ➕ 或"定制"对话框上的"新建"按钮 新建... ，用户可以新建选项卡/条，如图 2.30 所示。

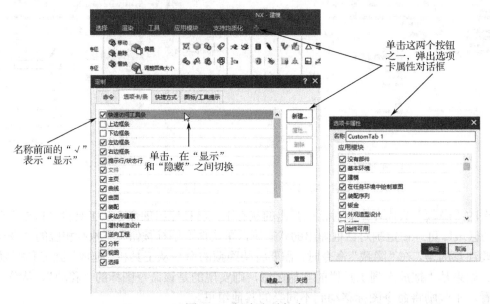

图 2.30　新建选项卡/条

3．"快捷方式"选项卡

"快捷方式"选项卡用于定制图形窗口或导航器窗口中的快捷工具条或圆盘工具条。

4．"图标/工具提示"选项卡

"图标/工具提示"选项卡用于定制菜单、命令图标等的大小，如图 2.31 所示。

图 2.31　图标/工具提示定制

2.1.6　坐标系

1．坐标系的种类

UG NX 1980 有多个不同的坐标系。三轴符号用于标识坐标系。轴的交点称为坐标系的原点。原点的坐标值为 X=0、Y=0 和 Z=0。每条轴线均表示该轴的正向，如图 2.32 所示。UG NX 1980 中，最常用于设计和模型创建的坐标系有：绝对坐标系（Absolute Coordinate System，ACS）、工作坐标系（Work Coordinate System，WCS）和基准坐标系（Datum CSYS）。用于加工的坐标系有机床坐标系（Machine Coordinate System，MCS）。

图 2.32　坐标系

（1）绝对坐标系。

绝对坐标系是模型空间中的概念性位置和方向，它是不可见的，且不能移动。绝对坐标系的作用有 2 个：①定义模型空间中的一个固定点和方向；②将不同对象之间的位置和方向关联。

（2）工作坐标系。

工作坐标系是一个右向笛卡儿坐标系，由相互间隔 90°的 XC、YC 和 ZC 轴组成。轴的交点称为坐标系的原点。原点的坐标值为 XC=0、YC=0、ZC=0。工作坐标系的 XC-YC 平面称为工作平面。工作坐标系的作用是引用对象在模型空间中的位置和方向。例如，可以使用它来创建体素、定义草图平面、创建固定的基准轴或平面等。由于工作坐标系是一个移动坐标系，可以移到图形窗口中的任何位置，从而在不同的方向和位置构造几何体，如图 2.33 所示。

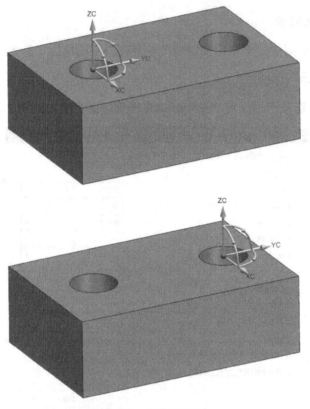

图 2.33　工作坐标系

（3）基准坐标系。

使用基准坐标系可快速创建包含一组参考对象的坐标系，可以使用这些参考对象来关联地定义其他特征的位置和方向。

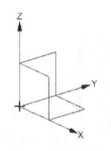

图 2.34　基准坐标系

基准坐标系包含以下参考对象：坐标系、原点、3 个基准平面、3 个基准轴，如图 2.34 所示。

基准坐标系的创建可通过 3 种方法：①在相对于工作坐标系或绝对坐标系的固定位置；②与现有几何体相关联；③偏离现有基准坐标系。

基准坐标系中的参考对象可用于定义：草图与特征的放置面、约束及位置；特征的矢量方向；模型空间中的关键产品位置，并通过平移及旋转参数来控制它们；约束，以在装配中放置部件。

（4）机床坐标系。

机床坐标系的初始位置与绝对坐标系匹配，它决定方位组中各项工序的刀轨方位和原点。机床坐标系的作用：根据机床回零位置或任何其他常用组装位置，输出刀轨；根据工件重新确定机床刀轴方向；为后续刀轨移动大部件的位置；设置不再具有参考点的部件；在旋转台运动和复合轴运动之后重建组装位置和方位；维护关键尺寸；建立基本和真实位置。

2. 工作坐标系的定义

工作坐标系的定义可通过多种具体的方法来实现，如图 2.35 所示。工作坐标系是一个有确定定义的系统，右手定则规定了 3 个基准轴的方向和顺序，3 个基准轴相互间隔 90°。3 个基准轴相互形成 3 个基准平面，基准轴的交点形成坐标系的原点。由于原点、3 个基准平面和 3 个基准轴之间存在耦合关系，因此只需定义部分参考对象即可定义一个工作坐标系。

图 2.35　工作坐标系的编辑方法

（1）动态。

开启工作坐标系动态有多种方法：①选择参考坐标系，双击 WCS；②选择菜单中的选项卡【工具】|【实用工具】|【WCS 动态】，如图 2.36 所示。开启后，选择 WCS 上的手柄可将它移动或旋转到所需的位置，或在坐标值对话框中输入所需位置的坐标值来实现，如图 2.37 所示。

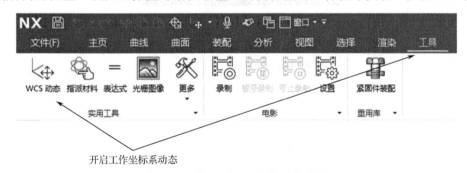

图 2.36　菜单开启工作坐标系动态

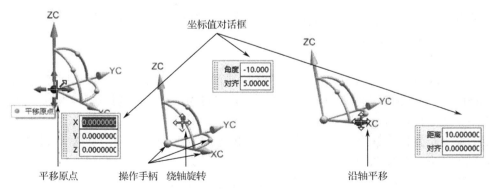

图 2.37　"动态"方式设定坐标系

（2）自动判断。

在自动判断方式中，用户通过选择对象由系统自动选择定义方式，当选择的对象提供的约束满足要求时，系统则自动选择定义方式，例如：通过两个平面/面的法矢的坐标系或通过 3 个点的坐标系等，如图 2.38 所示。需要注意的是，用户在选择对象的过程中，存在选择约束无效的情况，这时系统会给出"警报"，如图 2.39 所示。当系统根据选好的对象无法判断定义方式时，则"基准坐标系"对话框的"确定"按钮或"应用"按钮显示当前不可使用，如图 2.40 所示。

图 2.38　系统完成自动判断　　　　图 2.39　选择无效对象的"警报"提示

图 2.40　系统无法判断定义方式

　　自动判断方式是系统根据用户的选择对象给出的，存在结果和用户的设计目的不一致的可能。用户在定义完成后，需要仔细核对。

　　（3）原点，X 点，Y 点。

　　"原点，X 点，Y 点"定义方式需要用户指定 3 个点。可通过单击"点"对话框按钮，在"点"对话框中的输出坐标栏输入点的参考坐标值，也可用鼠标，在捕捉选择功能的辅助下，在绘图区直接单击选择，如图 2.41 所示。

　　指定的原点是坐标系的原点。原点指向 X 点的方向是 X 轴的正向。从 X 点到 Y 点按右手定则是 Z 轴的正向，如图 2.42 所示。

　　（4）X 轴，Y 轴，原点；Z 轴，X 轴，原点；Z 轴，Y 轴，原点。

　　"X 轴，Y 轴，原点""Z 轴，X 轴，原点""Z 轴，Y 轴，原点"定义方式的原理相同。以"X 轴，Y 轴，原点"为例，该定义方式需要用户指定 X 轴、Y 轴参考的矢量和原点，如图 2.43 所示。

图 2.41　"原点，X 点，Y 点"定义

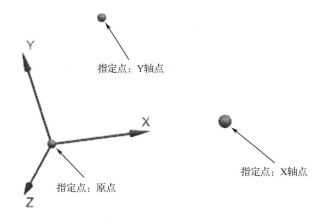

图 2.42　原点、X 点和 Y 点的作用

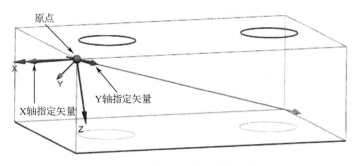

图 2.43　"X 轴，Y 轴，原点"定义

"X 轴，Y 轴，原点"定义方式中，X 轴、Y 轴的指定矢量的作用是有区别的。在该定义方式中，X 轴指定的矢量作为第一矢量，它的方向即为 X 轴的正向。Y 轴指定的矢量作为第二矢量，它的作用是从第一矢量至第二矢量由右手定则确定 Z 轴的正向。"Z 轴，X 轴，原点"定义

方式中，Z 轴指定的矢量是第一矢量，X 轴指定的矢量是第二矢量。"Z 轴，Y 轴，原点"定义方式中，Z 轴指定的矢量是第一矢量，Y 轴指定的矢量是第二矢量。其规律如图 2.44 所示。

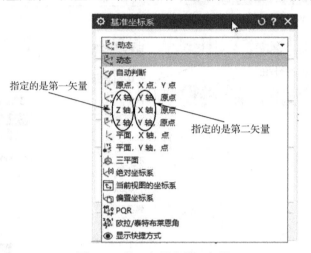

图 2.44   第一矢量和第二矢量

（5）平面，X 轴，点、平面，Y 轴，点。

"平面，X 轴，点""平面，Y 轴，点"定义方式的原理相同。以"平面，X 轴，点"为例，该定义方式需要用户指定平面、X 轴参考的矢量和点。

"平面，X 轴，点"定义方式中，指定的平面是 Z 轴的法面平；X 轴指定的矢量在指定的平面内的投影是 X 轴的正向；指定的点在指定的平面内的投影是原点，如图 2.45 所示。

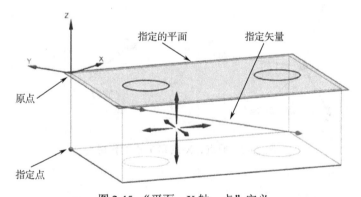

图 2.45   "平面，X 轴，点"定义

（6）三平面。

"三平面"定义方式需要用户指定 3 个平面，分别作为 3 个基准轴的法平面，用来确定 3 个基准轴的正向。3 个指定平面的交点是原点，如图 2.46 所示。

（7）绝对坐标系。

"绝对坐标系"定义方式无须用户指定对象，是以绝对坐标系的参数重新创建的一个坐标系，是绝对坐标系的一个复制结果。

（8）当前视图的坐标系。

"当前视图的坐标系"定义方式无须用户指定对象。X 轴平行于当前视图的底，向右是正向。Y 轴垂直于当前视图的底，向上为正向。根据右手定则，Z 轴垂直于当前视图，向外是正向。

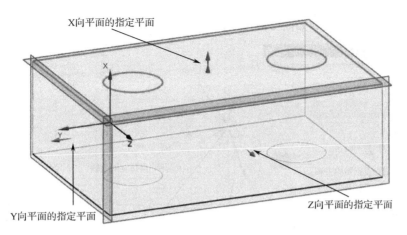

图 2.46　"三平面"定义

（9）偏置坐标系。

"偏置坐标系"定义方式是通过指定参考坐标系的 X 轴、Y 轴、Z 轴方向及原点位置的偏置值来定义一个新的坐标系，如图 2.47 所示。

图 2.47　"偏置坐标系"定义

（10）PQR。

"PQR"定义方式是通过依次指定三点来定义原点、主轴和主平面来实现的。

P 点指定原点，用于定义坐标系的原点。Q 点指定轴点，指定由 P 点和 Q 点定义的主轴，该轴是 X 轴、Y 轴或 Z 轴中需要指定的轴。R 点指定由 P 点、Q 点和 R 点指定的主平面，其中，主平面包含 Q 点指定的主轴，如图 2.48 所示。

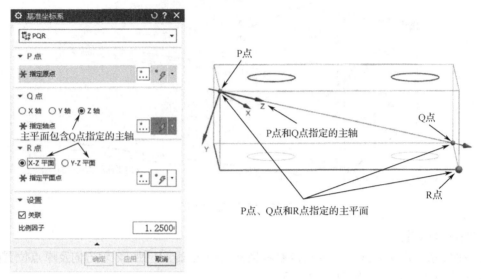

图 2.48 "PQR"定义

（11）欧拉/泰特布莱恩角。

"欧拉/泰特布莱恩角"定义方式是在参考坐标系的基础上，通过指定原点和旋转角度来实现的。参考坐标系可以使用 WCS、显示部件的绝对坐标系或选定坐标系。指定原点用于指定坐标系的原点。角度的设置是在新坐标系的轴上执行 3 次固有旋转，可以创建欧拉角坐标系和泰特布莱恩角坐标系，如图 2.49 所示。

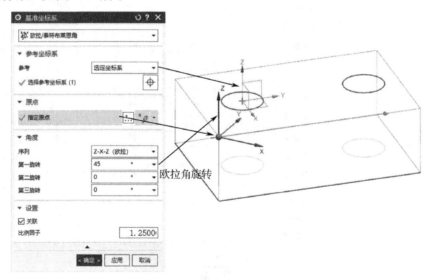

图 2.49 "欧拉/泰特布莱恩角"定义

2.1.7 图层设置

通过选项卡【视图】|【层】|【图层设置】可对视图进行设置。

使用图层设置可将对象放置在 UG NX 1980 文件的不同图层上，并为部件中所有视图的图层设置可见性和可选择性。这适用于无特定图层视图设置的所有视图（图纸视图除外）。

每个 UG NX 1980 文件中有 256 个图层，可以将文件中的所有对象放置在一个图层上，或在任何或所有图层之间分布放置对象。图层上对象的数目只受文件中所允许的最大对象数目的限制，同一个对象不可以位于多个图层上。

图层的作用有：
- 使文件中数据的表示标准化。
- 通过将对象放置到单个图层以具体控制某一对象或任何对象组的可见性。
- 控制选择或不选择同一图层上所有可见对象的能力。
- 建立企业范围内的过程以为所有文件实现一致的数据组织。

2.2　系统参数设置

UG NX 1980 系统有多个系统参数，常用的系统参数有对象参数、视觉效果参数、界面参数、草图参数和制造信息参数等。通过菜单【文件(F)】|【首选项(P)】可设置这些参数。

2.2.1　对象参数的设置

通过菜单【文件(F)】|【首选项(P)】|【对象(O)...】，可对对象参数进行设置，如图 2.50 所示。

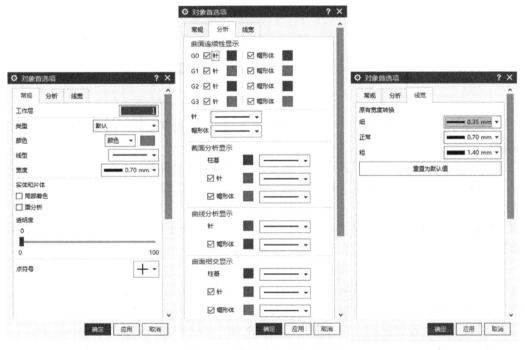

图 2.50　"对象首选项"对话框

（1）"常规"选项卡主要设置对象的属性，如工作层、类型、颜色、线型、宽度等。用户可以根据新对象的特点重新设置属性，也可直接使用默认的属性。

（2）"分析"选项卡主要设置曲面、截面、曲线、相交线和偏差度量等显示的颜色及相关线型与颜色等。

（3）"线宽"选项卡主要设置原有宽度转换。

2.2.2　可视化参数设置

通过菜单【文件(F)】|【首选项(P)】|【可视化(V)...】，可对可视化参数进行设置，如图 2.51 所示。

图 2.51　"可视化首选项"对话框

（1）"渲染"设置包括"样式""图形"和"光顺边"3 个设置项。控制着着色、隐藏、透明度等属性。

（2）"性能"设置控制着模型显示的分辨率、模型的配置文件等。

（3）"视图"设置包括"交互"和"装饰"2 个设置项，控制着动画的速度，轴、点字体的相关属性等。

（4）"着重"设置包括"几何体""优先权"和"边"3 个设置项，控制着混合颜色的比重、着重优先顺序等。

（5）"线"设置包括"线型"和"线宽"2 个设置项。

（6）"颜色"设置包括与"几何体""手柄"和"图纸布局"相关的颜色设置。

（7）"艺术外观渲染"设置包括"艺术外观材料"和"艺术外观视图"的设置。

（8）"外观管理"设置包括"带外观指示符的对象"和"前缀"设置。

（9）"校准"设置包括"分辨率校准"和"调整图形"2 个设置项。校准的属性包括透明度、全景反锯齿、忽略背面、一个额外光源等。

（10）"重置默认值"可对"渲染""性能""视图"等设置的属性重置默认值。

2.2.3　场景参数设置

通过菜单【文件(F)】|【首选项(P)】|【场景(N)...】，可对场景参数进行设置，如图 2.52 所示。

图 2.52　"场景首选项"对话框

场景参数设置可以对"线框视图"的"类型""顶部颜色"和"底部颜色"进行设置。

2.3　常用工具

2.3.1　点的构造

"点"是实体建模中最基本的对象，创建其他对象时常常要用到"点"。通过菜单选项卡【主页】|【构造】|【点】可以进行点的构造，如图 2.53 所示。

图 2.53　点的构造

点的构造有 2 种方法：①直接输入点的坐标值；②捕捉点，包括端点、中点、交点等。无论是直接输入点还是捕捉点，"输出坐标"栏里的坐标值与绘图区的提示点的位置一致，在此基础上，还可以再进行偏置，如图 2.54 所示。

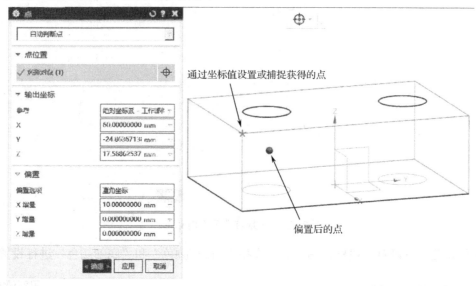

图 2.54　点的构造方法

1. 点的捕捉

点的捕捉是精确选定符合条件的点的重要方法。

（1）自动判断点：根据所选对象指定要使用的点类型。系统使用单个选择来确定点，所以自动推断的选项被局限于光标位置，即仅当光标位置也是一个有效的点时方法有效。如：现有点、端点、控制点以及圆弧/椭圆中心。

（2）光标位置：在光标位置指定一个点位置。位置位于 WCS 的平面中，可以使用栅格快速而准确地定位点。

（3）现有点：通过选择现有点对象来指定一个点位置。

（4）端点：在现有直线、圆弧、二次曲线以及其他曲线的端点指定一个点位置。

（5）控制点：在几何对象的控制点上指定一个点位置。

（6）交点：在 2 条曲线的交点或 1 条曲线与 1 个曲面或平面的交点处指定一个点位置。

（7）圆弧中心/椭圆中心/球心：在圆弧、椭圆、圆或椭圆边界，或球的中心指定一个点位置。

（8）圆弧/椭圆上的角度：在沿着圆弧或椭圆的成角度位置指定一个点位置。系统引用从正向 XC 轴起角度，并沿圆弧按逆时针方向测量它。椭圆则以投影在正象限的大半径为起角度，并按逆时针方向测量它。

（9）象限点：在圆弧或椭圆的四分点指定一个点位置，或者在一个圆弧的未构造部分（或外延）定义一个点。

（10）曲线/边上的点：在曲线或边上指定一个点位置。

（11）面上的点：在面上指定一个点位置。

（12）两点之间：在两点之间指定一个点位置。

（13）样条极点：指定样条或曲面的极点。

（14）样条定义点：指定样条或曲面的定义点。

（15）＝按表达式：使用 X、Y 和 Z 坐标将点位置指定为点表达式。可以使用选择表达式与坐标组中的选项来定义点位置。

2．偏置

用于指定与参考点相关的点。其位置基于绝对坐标系或工作坐标系。

3．关联

使该点成为关联而不是固定的，以便它以参数关联到其父特征。关联点将作为点显示在部件导航器中。

2.3.2 基准平面构造

使用基准平面命令可创建平面参考特征，以辅助定义其他特征，如与目标实体的面成角度的扫掠体及特征。

基准平面可以是关联的，也可以是非关联的。

（1）关联基准平面。

关联基准平面可参考曲线、面、边、点和其他基准。用户可以创建跨多个体的关联基准平面。关联基准平面在部件导航器中被列为基准平面条目。

（2）非关联基准平面。

非基准平面不会参考其他几何体。通过清除基准平面对话框中的关联框，可以使用任何基准平面方法来创建非关联基准平面。非关联基准平面在部件导航器中被列为固定基准平面条目。

1．定义平面的对象

指定要定义平面的对象的方法很多，如图 2.55 所示。

图 2.55 平面构造

（1）自动判断：根据所选对象确定要使用的最佳基准平面类型。

（2）按某一距离：创建与一个平的面或其他基准平面平行且相距指定距离的平面。

（3）成一角度：创建与选定平面对象成指定角度的平面。

（4）二等分：在两个选定的平的面或平面的中间处创建一个平面。如果输入平面互相呈一角度，则以平分角度放置平面。

（5）◈曲线和点：使用点、直线、平的边、基准轴或平的面的各种组合（例如，3 个点、1 个点和 1 条曲线等）来创建平面。

（6）◈两直线：使用任何两条线性曲线、直线边或基准轴的组合来创建平面。

（7）◈相切：创建与一个非平曲面相切的基准平面（相对于第二个所选对象）。

（8）◈通过对象：在所选对象的曲面法向上创建基准平面。

（9）◈点和方向：使用一个点和指定的方向创建平面。

（10）◈曲线上：在曲线或边上的位置处创建平面。

（11）◈YC-ZC 平面、◈XC-ZC 平面、◈XC-YC 平面：沿工作坐标系（WCS）或绝对坐标系（ACS）的 XC-YC、XC-ZC 或 YC-ZC 轴创建固定的基准平面。

（12）◈视图平面：创建平行于视图平面并穿过 WCS 原点的固定基准平面。

（13）◈按系数：使用含 A、B、C 和 D 系数的方程在 WCS 或 ACS 上创建固定的非关联基准平面：$Ax+By+Cz=D$。

（14）◈固定：仅当编辑固定基准平面时可用。

（15）◈构成：在编辑使用非列表可用选项创建的平面时可用。要访问已构造平面的所有参数，必须使用基准平面对话框。

2. 偏置

选定后，可以按指定的方向和距离创建与所定义平面偏置的基准平面。

3. 关联

使基准平面成为关联特征，该特征显示在部件导航器中，名称为基准平面。

如果清除关联复选框，则基准平面作为固定类型而创建，并作为非关联的固定基准平面显示在部件导航器中。

编辑基准平面时，通过更改类型、重新定义其父几何体并选中关联复选框，可将固定基准平面更改为相对平面。

2.3.3 基准轴的构造

1. 定义基准轴的对象

基准轴是一个方向矢量，在图形区域显示为一个带方向的箭头。单击菜单【插入】|【基准/点】|【基准轴】，可用于创建基准轴的构造。可以从类型选项列表中选择轴类型，如图 2.56 所示。

图 2.56　基准轴构造

（1）⚡自动判断：根据所选的对象确定要使用的最佳基准轴类型。

（2）XC 轴：在工作坐标系（WCS）的 XC 轴上创建固定基准轴。

YC 轴：在 WCS 的 YC 轴上创建固定基准轴。

ZC 轴：在 WCS 的 ZC 轴上创建固定基准轴。

（3）点和方向：从某个指定的点沿指定方向创建基准轴。

（4）两点：定义两个点，经过这两个点创建基准轴。

（5）曲线上矢量：创建与曲线或边上的某点相切、垂直或双向垂直，或者与另一对象垂直或平行的基准轴。

（6）交点：在两个平的面、基准平面或平面的相交处创建基准轴。

（7）曲线/面轴：沿线性曲线或线性边，或者圆柱面、圆锥面或圆环面的轴创建基准轴。

使用 YC 轴、XC 轴或 ZC 轴创建的任何基准轴，或是在清除关联复选框的情况下使用的任何其他相对类型，在编辑期间均显示为固定类型。

2．轴方位

✕反向：将轴的方向反转 180°。

3．关联

使新的基准轴关联，从而与其父特征参数化相关。关联基准轴在部件导航器中显示名称基准轴，非关联基准轴在部件导航器中显示名称固定基准轴。

2.3.4　类选择

使用类选择选项可基于类型、颜色或图层等特定准则选择对象。类选择对话框可通过选择某些命令后显示，例如选项卡【视图】|【图层】组|【移动至图层】。"类选择"对话框如图 2.57 所示。

1．对象

（1）选择对象：用于基于当前指定的过滤器、鼠标手势和选择规则来选择对象。使用过滤器组或上边框条上的选项来设置过滤器。如果小区域中有许多可选择的对象，则右击该区域，然后单击以选择特定对象。

（2）全选：用于根据在过滤器组中设立的对象过滤器设置，选择工作视图中所有的可见对象。

（3）反选：根据过滤器组中的设置，取消选择所有当前选定的对象，并选择先前未选定的所有对象。

2．其他选择方法

（1）按名称选择：根据指派的对象名称选择单个对象或一系列对象。可以使用通配符按名称选择对象。

（2）选择链：选择连接的对象、线框几何体或实体边。

（3）向上一级：选取选择层次结构中的下一级组件或组。使用此选项可选择装配中的组件，或当前选定对象的上一级对象组中的对象。向上一级选项仅在选择属于某个几何体组或更高一级装配（如果选择了组件）的对象时可用。只要存在当前选择的更高一级组或装配，该按钮则保持可用。

图 2.57　"类选择"对话框

3．过滤器

（1）类型过滤器：打开根据类型选择对话框，可在其中选择一个或多个要包含或排除的对象类型。

（2）图层过滤器：打开根据图层选择对话框，且所有当前可选择的图层初始已选定。指定一个图层、一系列图层或一个现有类别。

（3）颜色过滤器：打开颜色对话框，且所有颜色初始已选定。选择或取消选择调色板中的颜色。

（4）属性过滤器：打开按属性选择对话框，在其中可按线型、宽度、字体和用户定义属性（整型、实型、字符串型或日期型属性范围）来过滤对象。

（5）重置过滤器：将所有过滤器重置为原始状态。

2.3.5　信息查询

信息查询主要是查询几何对象和零部件信息，可通过选项卡【工具】|【实用工具】|【属性/信息】|【对象信息】打开"信息"窗口，如图 2.58 所示。

在"信息"窗口中可以查看选定对象、表达式、部件、图层等的基本信息或特定信息。在"信息"窗口中可以使用剪切、复制和粘贴操作，将输出保存到文件，也可将信息打印到默认打印机。

图 2.58　"信息"窗口

2.3.6　分析

使用"测量"命令 分析模型并为选择的对象创建测量。可以控制软件如何处理选定的对象以及过滤可用测量，以仅显示需要的测量。

1. 要测量的对象

（1）对象类型：指定可以选择的测量对象的类型。每次选择后，可以指定不同的对象类型。

● 对象。

● 点：可以使用对齐点选项来选择点。

● 矢量。

● 对象集：可以选择多个对象作为一个对象进行测量。

● 点集：可以选择多个点作为一个对象进行测量。

● CSYS。

（2）列表：列出选择的对象。如果在列表中选择一个对象，场景对话框将在图形窗口中显示该对象可能接受的测量。

（3）测量方法：控制软件在测量时如何处理列表中的对象。

● 自由：将列出的每个对象、对象集或点集作为单独的对象处理，并在考虑列出的所有对象后显示可能的测量。

● 对象对：成对测量选定的对象。

● 对象链：将列出的对象作为一个选定对象链处理。

● 从参考对象：将第一个列出的对象作为参考对象处理，并显示该对象与各个列出的其他对象之间的测量。

2. 结果过滤器

过滤器类型： 距离、 曲线/边、 角度、 面、 实体、 极限。

3. 提示

提供有关选择对象和设置选项以使测量可用的帮助信息。

4. 设置

（1） 关联：为每个测量创建一个关联特征和一个表达式。

（2） 固定于当前时间戳记：在创建关联测量特征时可用。在创建后续特征时保持测量特征的时间戳记。

（3） 显示注释：将当前测量另存为图形窗口中的注释。

（4） 创建几何体：几何体是关联几何体还是非关联几何体，取决于是否选中关联 复选框。

（5） 参考坐标系：指定是否将绝对-工作部件坐标系或 WCS 用于测量。

（6） 将结果发送到 NX 控制台：在控制台 窗口中显示当前测量，如果设置此选项并单击了"应用"或"确定"按钮，该窗口会显示在资源条上。

（7） 在信息窗口中显示结果：在信息窗口中显示当前测量。

（8） 启用提示：在对话框中显示提示组。

（9） 场景对话框仅显示值：在场景对话框中仅显示测量值和单位。

（10） 首选项：设置测量使用的各种首选项。

2.3.7　表达式

表达式可以用来控制部件特征之间的关系或者装配中部件之间的关系。例如，可以用长度的 50%来表示长方形凸台的厚度。当凸台的长度改变，则它的厚度会自动更新。表达式可以定义、控制模型的诸多尺寸，如特征或草图的尺寸。

通过选项卡【工具】|【实用工具】组|【表达式】 可以打开"表达式"对话框，如图 2.59 所示。

1. 表达式语法

（1）表达式的结构。

表达式内的公式可包括变量、函数、数字、运算符和符号的组合。可将表达式名插入其他表达式的公式字符串中。

表达式命名约定分为以下两类：

● 用户创建的"用户表达式"，也称为用户定义的表达式。用户表达式可具有明文名。

●"软件表达式"，指由 NX 创建的表达式。这些表达式通常以小写字母"p"开头，后随数字，例如"p53"。

（2）运算符。

表达式公式中，常用的算术运算符如表 2.2 所示，关系、等式和逻辑运算符如表 2.3 所示。

图 2.59　"表达式"对话框

表 2.2　算术运算符

运算符	含义
+	加法
−	减法和负号
*	乘法
/	除法
^	指数
=	赋值

表 2.3　关系、等式和逻辑运算符

运算符	含义
>	大于
<	小于
>=	大于等于
<=	小于等于
==	等于
!=	不等于
!	非
& or &&	逻辑"与"
| 或 ||	逻辑"或"

（3）内置函数。

内置函数包括数学函数、字符串函数和工程函数。常用的内置函数如表 2.4 所示。

表 2.4　常用的内置函数

函数名	含义
abs	返回给定数字的绝对值
acosine	返回无量纲数字的反余弦
ASCII	返回给定字符串中第一个字符的 ASCII 代码，如果该字符串为空，则返回零
asine	返回无量纲数字的反正弦
atangent	返回无量纲数字的反正切
avg	返回一组给定数的平均值
ceiling	返回大于给定数字的最小整数
Char	返回给定整数的 ASCII 字符，范围为 1~255
charReplace	从给定的源字符串中返回新字符串、要替换的字符以及对应的替换字符
compareString	比较两个字符串，区分大小写
cos	以度数为单位返回给定数字的余弦
floor	返回小于或等于给定数字的最大整数
log	返回给定数字的自然对数
log10	返回给定数字的以 10 为底的对数
max	从给定数字和其他数字中返回最大数
min	从给定数字和其他数字中返回最小数
mod	返回给定分子除以指定分母（按整数除法）时的余数（模数）
pi()	返回 pi
Radians	将以度数为单位的角度转换为弧度
round	返回给定数字最接近的整数，如果给定的数字以.5 结尾，则返回偶数
sin	以度数为单位返回给定数字的正弦
sqrt	返回给定正数的平方根倒数
StringLower	返回给定字符串的小写字符串
StringUpper	返回给定字符串的大写字符串
StringValue	返回包含给定值的文本表示的字符串
subString	返回一个包含原始列表中元素的子集的新字符串
tan	返回给定数字的正切
ug_functions	专用数学函数和工程函数

2．条件表达式

表达式可用来根据特定条件定义变量。该类表达式可通过使用 if-else 语句加以创建。语法是：var=if (exp1) (exp2) else (exp3)，该表达式对应的含义：exp1 为真时，var=exp2，否则，var=exp3。

3．创建不同的表达式类型

（1）通过选项卡【工具】|【实用工具】组|【表达式】＝ 打开"表达式"对话框。

（2）在表达式列表表格第 1 行的名称单元格中，为表达式键入一个唯一名称。一般来说，表达式名称不区分大小写。

（3）按 Tab 键或用鼠标移到公式单元格，键入一个值或公式字符串。要将数学函数、工程函数或其他高级函数插入表达式，可右击公式单元格，然后选择编辑。

（4）如果将类型设为数字，则可以：①为表达式选择量纲；②为表达式选择单位类型。

（5）要创建表达式，可以按<Enter>键。系统自动计算公式的值并用结果填充值单元格。

（6）要创建多个表达式，可在操作组中单击新建表达式 以根据需要添加所需数量的新行。

4．从外部电子表格访问数据

函数从外部电子表格访问数据。以表 2.5 中的数据为例，将 B3 单元格的值指派给名为厚度的表达式。

表 2.5　外部电子表格数据

	A	B
1	最大长度	50
2	宽度	25.5
3	厚度	1.5

（1）选择【工具】|【实用工具】组|【表达式】 = 。

（2）在表达式对话框的名称框中，键入厚度。

（3）右击公式单元格并选择编辑。

（4）在编辑对话框中，单击函数构建器 $f(x)$ 。

（5）在插入函数对话框，从或选择一个类别列表中选择电子表格。

（6）从函数列表中选择 ug_cell_read。

（7）单击确定。

（8）在函数参数对话框中，单击指定电子表格 。

（9）导航至电子表格，单击确定。

（10）在指定单元格框中，键入 B3。

（11）单击确定。

（12）编辑对话框的公式框中将显示该函数。ug_cell_read("<SPREADSHEET_NAME>", "B3")

（13）单击确定以返回到表达式对话框。

（14）在值框中，确认表达式的值并单击确定。此例中，表达式的值为：1.5。

（15）要编辑公式中的电子表格函数，可右击表达式公式并选择编辑。

（16）在编辑对话框中，有多个不同选项可用于编辑公式。要访问这些选项，可单击备选条目 ，并注意对话框选项在每次单击 时会改变。单击以找到合适的方法。

如果电子表格有改动，可单击更新以获取外部更改 以更新表达式。

5．表达式导入/导出

可以使用表达式对话框中的导出表达式选项，将表达式导出至一个文本文件。使用导入表达式选项可以将此文件中的表达式导入另一个部件，文件扩展名为*.exp。

（1）文件格式。

表达式文件以 UTF-8 格式编码，这是一种支持 Unicode 的可变长度字符编码方式。编码的文件向后兼容 ASCII，并可使用文本编辑器进行编辑。

如果要编辑文件，应当使用可以保留 UTF-8 编码的文本编辑器，如 Windows 上的 notepad.exe。如果丢失 UTF-8 编码，则将无法将表达式文件重新导入 NX 中。

文本文件中的每个表达式显示为单独的一行，名称在左，公式在右，并用等号（=）分开。

在文本文件中以"!"字符开始任何行指定要导入表达式的文件。例如：!a_part a=1 b=2 !b_part a=100 b=1.01。前两个表达式导入部件"a_part"，后两个表达式导入"b_part"。

（2）导入多行表达式。

要导入多行表达式，需要用反斜线续行标记（\）连接表达式的下一行。当使用后续记号时，应用以下规则：

- 后续记号必须是一行中最后的字符。注释和其他字符（包括空白！）不允许处于反斜线之后。
- 后续行数没有上限。但是，表达式中字符的最大数目是 128。后续记号并不计作此限制的一部分（它们在导入表达式时移除）。
- 系统导入表达式后，它将把所有行连接成一个单行表达式。

2.4　基本操作

2.4.1　鼠标操作

在 UG NX 1980 中，使用鼠标或使用鼠标按键与键盘按键组合可完成很多任务。执行任务和对应的操作如表 2.6 所示。

表 2.6　鼠标操作

执行此任务	鼠标按键	执行此操作
通过对话框中的菜单或选项选择命令		单击命令或选项
在图形窗口中选择对象		单击对象
在列表框中选择连续的多项		按住 Shift 并单击这些项
选择或取消选择列表框中的非连续项		按住 Ctrl 并单击这些项
对某个对象启动默认操作		双击该对象
循环完成命令中的所有必需步骤，然后单击"确定"或"应用"按钮		单击鼠标中键
取消对话框		按住 Alt 并单击鼠标中键
旋转模型		按住鼠标中键拖动鼠标
显示特定于对象的快捷菜单		右击对象
显示视图弹出菜单 ug_functions		右击图形窗口的背景，或按住 Ctrl 并右击图形窗口的任意位置

2.4.2　键盘操作

为了提高操作的速度，UG NX 1980 提供了快捷的键盘操作。常用的快捷键如表 2.7 所示。

表 2.7　常用快捷键

功能	操作
【文件(F)】|【新建(N)…】	Ctrl+N
【文件(F)】|【打开(O)…】	Ctrl+O
【文件(F)】|【保存(S)】	Ctrl+S
【文件(F)】|【另存为(A)…】	Ctrl+Shift+A
【任务(T)】|【完成草图(K)】	Ctrl+Q
【编辑】|【剪裁】	T
【编辑】|【延伸】	E
【编辑】|【删除】	Ctrl+D
【编辑】|【粘贴】	Ctrl+V
【编辑】|【复制】	Ctrl+C
【视图】|【图层】|【图层设置】	Ctrl+L
【视图】|【操作】|【旋转】	Ctrl+R 或 F7
【视图】|【操作】|【缩放】	Ctrl+Shift+Z 或 F6
【视图】|【操作】|【适合窗口】	Ctrl+F
【视图】|【操作】|【新建布局】	Ctrl+Shift+N
【视图】|【操作】|【打开布局】	Ctrl+Shift+O
【工具】|【表达式】	Ctrl+E
【工具】|【宏】|【宏录制】	Ctrl+Shift+R
【工具】|【宏】|【回放】	Ctrl+Shift+P
【应用模块】|【设计】|【建模】	Ctrl+M
【应用模块】|【文档】|【制图】	Ctrl+Alt+D
【应用模块】|【加工】|【加工】	Ctrl+Alt+M
【帮助】|【在上下文】	F1

思考题与操作题

2-1　思考题

2-1.1　坐标系的定义和编辑有什么作用？

2-1.2　图层设置有什么作用？

2-1.3　基准平面、基准轴有什么作用？

2-2　操作题

2-2.1　如何将成型特征工具条添加到 UG 界面中？

2-2.2　如何将"圆锥"图标按钮添加到成型特征工具条上？

绘 制 草 图

创建草图是指在用户指定的平面上创建由点、直线、圆弧、曲线等组成的二维图形的过程。草图绘制是实现 UG 软件参数化特征建模的基础，通过草图功能创建出特征的大略形状，再利用几何和尺寸约束功能，精确设置草图的形状尺寸和位置。草图绘制完成后即可利用拉伸或旋转等功能，创建与草图关联的实体特征，用户可以对草图的几何约束和尺寸约束进行修改，从而快速更新模型。

3.1 草图界面与参数预设置

草图工作平面是用于草图创建、约束和定位、编辑等操作的平面，是创建草图的基础。在需要参数化控制曲线或通过建立标准几何特征无法满足设计需要时，通常需要创建草图。

3.1.1 草图平面的确定

单击"构造"工具条中的"草图"按钮❤，或选择菜单【插入】|【草图】，弹出"创建草图"对话框，提示用户选择一个放置草图的平面，如图 3.1 所示。创建草图平面的方式有两种。

1. 基于平面

"基于平面"是指指定某一平面作为草图的工作平面。在"创建草图"对话框的列表中选择"基于平面"选项，如图 3.2 所示，然后在图形区选择已存在的基准平面或实体模型中平面表面作为草图的工作平面。

图 3.1 "创建草图"对话框

图 3.2 选择草图平面类型

2．基于路径

"基于路径"是指选择一个已存在的图线（如直线、圆或其他曲线）、实体的曲线轮廓为路径，通过该路径确定一个平面作为草图平面。

在"创建草图"对话框的列表中选择"基于路径"选项，如图 3.3 所示。具体操作步骤如下：

（1）在图形窗口选择作为路径的图线或实体边缘等。

（2）设置草图平面相对于路径的位置。在"创建草图"对话框的"位置"下拉列表框中可以选择按绝对长度分割曲线的弧长，限定草图平面经过分割点；或者按照百分比分割曲线的弧长，限定草图平面经过分割点；也可以选择通过指定曲线上的点，使草图平面经过该点。

（3）设置草图平面相对于路径的方位。在"创建草图"对话框的"方向"下拉列表框中可以选择垂直于路径、垂直于矢量、平行于矢量、通过轴等方式限定草图平面的方位。

完成"创建草图"对话框的设置后，单击"确定"按钮，进入草图绘制界面，如图 3.4 所示。

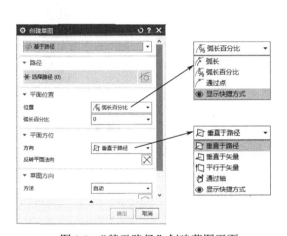

图 3.3 "基于路径"创建草图平面

图 3.4 草图绘制界面

对于复杂的部件，有时需要创建若干幅草图，系统会按照这些草图生成的先后次序依次命名为"SKETCH_000""SKETCH_001""SKETCH_002"等，其中只有一幅草图处于激活状态，草图绘制、编辑只能在激活状态下进行。

3.1.2 草图参数设置

在绘制草图之前，通常要对草图的样式、尺寸标注样式、草图几何元素的颜色进行设置。在主菜单中选择【首选项】|【草图】，弹出"草图首选项"对话框，如图 3.5 所示。

1．"草图设置"选项卡

在"草图首选项"对话框中单击"草图设置"选项卡，可以设置草图尺寸标签样式、文本高度、关系符号大小等参数或选项。

2．"会话设置"选项卡

在"草图首选项"对话框中单击"会话设置"选项卡，如图 3.6 所示，可以设置草图绘制时的对齐角的精度、任务环境状态等内容。

3. "部件设置"选项卡

在"草图首选项"对话框中单击"部件设置"选项卡，如图 3.7 所示，可以设置草图中各种状态的对象颜色。单击各对象后面的颜色按钮，都可以打开"颜色"对话框，选择所需要的颜色。如果单击"继承自用户默认设置"按钮，则可以将所有对象的颜色恢复为系统默认的颜色。

完成参数设置并创建草图平面后，即可进入草图绘制环境绘制所需要的草图了。

图 3.5 "草图首选项"对话框

图 3.6 "会话设置"选项卡

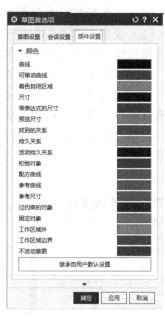

图 3.7 "部件设置"选项卡

3.2 草图曲线绘制

使用"曲线"工具条中的草图绘制功能按钮可以绘制各种常见的草图曲线，如图 3.8 所示，也可以选择菜单【插入】|【曲线】调用绘图命令。

图 3.8 "曲线"工具条

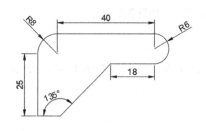

图 3.9 "轮廓"命令绘图实例

3.2.1 轮廓

单击"曲线"工具条上的"轮廓"按钮，或者选择菜单【插入】|【曲线】|【轮廓】，可绘制单段或连续的多段曲线。该功能按钮既可以绘制直线段，也可以绘制圆弧。

现以图 3.9 所示的平面曲线绘制过程为例，介绍"轮廓"命令的使用方法。

1．新建部件文件

单击"标准"工具条上的"新建"按钮⧉，系统弹出"新建"对话框，默认"模型"应用模板，在"单位"下拉列表框中选择尺寸单位"毫米"，在"名称"文本框中输入部件新文件名，在"文件夹"文本框中输入部件文件存放位置目录的名称，或单击输入框右侧按钮⧉，通过文件目录浏览器选择部件文件存放的目录，单击"确认"按钮完成新部件文件的建立，并存入建模工作界面。

2．创建草图平面

单击"构造"工具条中的"草图"按钮⧉，或选择菜单【插入】|【草图】，弹出"创建草图"对话框，在"创建草图"对话框的列表中选择"基于平面"选项，然后在图形区选择平面，单击"确定"按钮，进入草图绘制环境。

3．绘制草图

单击"曲线"工具条上的"轮廓"按钮⧉，或者选择菜单【插入】|【曲线】|【轮廓】，弹出"轮廓"快捷工具栏，如图 3.10 所示，该工具栏上有 4 个工具按钮，分别是："直线"按钮⧉，用于绘制直线段；"圆弧"按钮⧉，用于绘制圆弧段；"坐标模式"按钮⧉，此模式下鼠标光标右下角显示当前光标位置在工作坐标系中的坐标值；"参数模式"按钮⧉，此模式下鼠标光标右下角显示当前光标所在位置与前一点之间的相对坐标值。

确定连续多段起点时，光标右下角显示"坐标模式"的绝对坐标值，起点确定后光标右下角自动切换到"参数模式"显示相对坐标值。

（1）单击"轮廓"工具条上"直线"按钮⧉，在绘图区域适当位置单击作为起点，向上移动鼠标，出现竖直方向虚线和箭头时，在鼠标右下角显示的相对坐标文本框中输入"长度"值25，按<Enter>键；输入"角度"值90，按<Enter>键，如图 3.11 所示。

（2）单击"轮廓"工具条上"圆弧"按钮⧉，向右上方移动鼠标，或长按鼠标左键从上方扇形区域右半边拖出，出现圆弧轮廓时，在鼠标右下角显示的相对坐标文本框中输入"半径"值 8，按<Enter>键；输入"扫掠角"值 90，按<Enter>键，鼠标左键在圆心附近区域任意位置单击，生成圆弧，如图 3.12 所示。

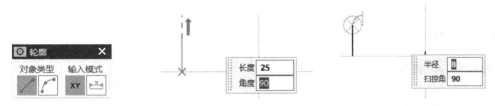

图 3.10 "轮廓"快捷工具栏   图 3.11 绘制竖直线   图 3.12 绘制圆角

（3）"轮廓"工具条上自动切换到"直线"按钮⧉，向右移动鼠标，出现相切图标⧉时，在鼠标右下角显示的相对坐标文本框中输入"长度"值40，按<Enter>键；输入"角度"值0，按<Enter>键，如图 3.13 所示。

（4）单击"轮廓"工具条上"圆弧"按钮⧉，向右下方移动鼠标，或长按鼠标左键从右边扇形区域下半边拖出，出现圆弧轮廓时，在鼠标右下角显示的相对坐标文本框中输入"半径"值6，按<Enter>键；输入"扫掠角"值180，按<Enter>键，在圆心附近区域任意位置单击，生成圆弧，如图 3.14 所示。

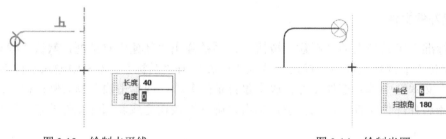

图 3.13　绘制水平线　　　　　　　　　　图 3.14　绘制半圆

（5）"轮廓"工具条上自动切换到"直线"按钮，向左移动鼠标，出现相切图标 时，在鼠标右下角显示的相对坐标文本框中输入"长度"值 18，按<Enter>键；输入"角度"值 180，按<Enter>键，如图 3.15 所示。

（6）向右下方移动鼠标，在鼠标右下角显示出相对坐标文本框时右击，此时可编辑"角度"值为 225，按<Enter>键，来回移动鼠标捕捉点，当出现连接起点水平虚线时，单击，如图 3.16 所示。

（7）向左移动鼠标捕捉点，当显示起点被捕捉的符号时，单击，形成封闭图形，如图 3.17 所示。单击鼠标中键，退出"轮廓"命令。

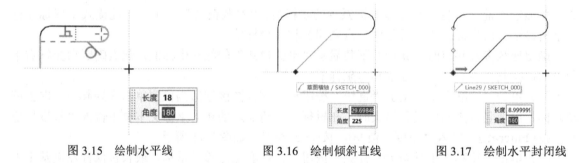

图 3.15　绘制水平线　　　　　图 3.16　绘制倾斜直线　　　　图 3.17　绘制水平封闭线

4．保存草图文件

单击"草图"工具条上的"完成"按钮，退出草图环境，单击快速访问栏中的"保存"按钮，保存文件。

3.2.2　矩形

图 3.18　"矩形"快捷工具栏

矩形命令用于绘制矩形，单击"曲线"工具条上的"矩形"按钮，弹出"矩形"快捷工具栏，如图 3.18 所示。绘制矩形的方法有以下 3 种。

（1）利用两点绘制矩形（单击"按两点"按钮）：该方法创建的矩形只能和草图方向垂直，可以通过选取一点作为矩形的一个角点，另一点作为矩形的对角点，如图 3.19 中①、②所示；也可以指定第一点后在文本框中输入宽度和高度数值，可生成 4 个满足条件的矩形，需指定第二点确定矩形相对于第一点的方位才能生成矩形。如图 3.20 所示，图中虚线表示可生成的另外 3 个矩形。

（2）利用三点绘制矩形（单击"按三点"按钮）：该方法创建的矩形可以与草图方向成一定的倾斜角度，可以依次选取 3 个点作为矩形的 3 个顶点，如图 3.21 所示，指定两个点（①和②）作为矩形一条边的两个端点，两点之间的距离同时限定了矩形的宽度，指定第三个点③，使矩形另一边经过该点以限定矩形长度，从而生成矩形；也可以指定一个点作为矩形顶点，如图 3.22 中①所示，然后在光标右下角的文本框中输入宽度、高度和角度值，可生成 4 个满足条件的矩形，需指定第二点确定矩形相对于第一点的方位才能生成矩形，如图 3.22 中②所示（图中虚线表示可生成的另外 3 个矩形）。

图 3.19　利用两点绘制矩形

图 3.20　利用两点及宽度和高度绘制矩形

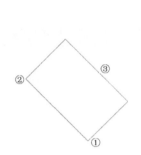

图 3.21　利用三点绘制矩形

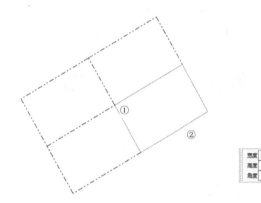

图 3.22　利用两点及宽度、高度与角度绘制矩形

（3）从中心绘制矩形（单击"从中心"按钮）：指定一个点作为矩形的中心点①，指定第二个点作为矩形一条边的中心点②，指定第三个点③，使矩形另一边经过该点以限定矩形高度，从而生成矩形，如图 3.23 所示。

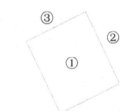

图 3.23　"从中心"绘制矩形

3.2.3　圆、直线与圆弧

1. 圆

圆命令用于绘制圆，单击"曲线"工具条上的"圆"按钮○，弹出"圆"快捷工具栏，如图 3.24 所示。绘制圆的方法有以下两种。

（1）单击"圆"快捷工具栏上"圆心和直径定圆"按钮，确定圆心位置，指定圆周上任意一点或在光标右下角的文本框中输入圆的直径生成圆。

（2）单击"圆"快捷工具栏上"三点定圆"按钮，指定圆周上三点的位置，可生成圆；也可以指定圆周上一点，并在光标右下角的文本框中输入圆的直径，然后再指定一点。若两点之间的距离大于输入的直径，则过第一点，并以两点连线作为直径方向生成圆；若两点之间距离小于输入的直径，则过这两点可生成两个满足直径限制的圆，需指定第三点确定圆的方位才能生成圆。

2. 直线

直线命令用于绘制单段直线段，单击"曲线"工具条上的"直线"按钮 ，弹出"直线"快捷工具栏，如图 3.25 所示。其功能及使用方法与"轮廓"快捷工具栏中的"直线"命令相同，在此不再赘述。

3. 圆弧

圆弧命令用于绘制单段圆弧，单击"曲线"工具条上的"圆弧"按钮 ，弹出"圆弧"快捷工具栏，如图 3.26 所示。绘制圆弧有以下两种方法。

（1）单击"圆弧"快捷工具栏上的"三点定圆弧"按钮 ，依次确定圆弧的起点、终点和圆弧上一点的位置，从而生成圆弧；也可以依次确定圆弧的起点和终点，并在光标右下角的文本框中输入圆弧半径，在圆心位置附近单击即可生成圆弧。

（2）单击"圆弧"快捷工具栏上的"中心和端点定圆弧"按钮 ，依次确定圆弧的圆心、起点和终点位置，从而生成圆弧；也可以依次确定圆弧的圆心和起点，在光标右下角的文本框中输入圆弧半径和扫掠角，则过这两点可生成两个满足尺寸限制的圆弧，再指定终点的方位即可生成圆弧。

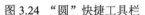

图 3.24 "圆"快捷工具栏

图 3.25 "直线"快捷工具栏

图 3.26 "圆弧"快捷工具栏

3.2.4 样条和点

1. 样条

样条命令是通过拖动定义点或极点并在定义点指派斜率或曲率约束，动态创建和编辑样条，常用于生成曲面时绘制曲线。单击"曲线"工具条中的"样条"按钮 ，弹出"艺术样条"对话框，如图 3.27 所示。首先设置对话框中各选项与参数，并在类型下拉列表中选择"通过点"或"根据极点"，然后在绘图空间指定一系列点，单击"确定"按钮，即可生成艺术样条曲线，如图 3.28 和图 3.29 所示。

图 3.27 "艺术样条"对话框

图 3.28 通过点

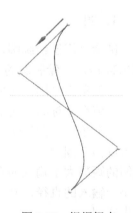

图 3.29 根据极点

2. 点

点是最小的几何构成元素，单击"曲线"工具条上的"点"按钮 ╈，弹出"草图点"对话框，如图 3.30 所示。单击按钮 ⊡，弹出"点"对话框，如图 3.31 所示。系统提供了多种创建点的方法，如图 3.32 所示，通过选择点的捕捉方式，可完成点的创建。

图 3.30 "草图点"对话框

图 3.31 "点"对话框

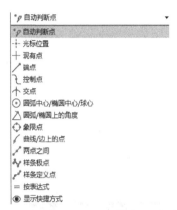

图 3.32 点的捕捉方式

3.2.5 圆角和倒斜角

1. 圆角

"圆角"命令用于在两条或三条曲线之间创建圆角。单击"曲线"工具条上"圆角"按钮 ╮，弹出"圆角"快捷工具栏，如图 3.33 所示。创建圆角的方法有以下两种。

图 3.33 "圆角"快捷
工具栏

（1）单击"圆角"工具栏中的"修剪"按钮 ▨，在绘图区选择两条线段 [见图 3.34（a）]，然后在光标右下角的文本框中输入圆角半径 [见图 3.34（b）]，按<Enter>键或鼠标中键，生成圆弧① [见图 3.34（c）]。

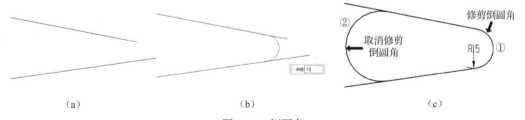

| （a） | （b） | （c） |

图 3.34 倒圆角

（2）单击"圆角"工具栏中的"取消修剪"按钮 ▨，在绘图区选择两条线段 [见图 3.34（a）]，然后在光标右下角的文本框中输入圆角半径，按<Enter>键或鼠标中键，生成圆弧②。

若在三条线间生成圆角，修剪倒圆角和取消修剪倒圆角如图 3.35 所示，在"圆角"快捷工具栏上"选项"区域选择"删除第三条曲线"按钮 ▧，可删除圆角外侧的图线，如图 3.36 所示。

矩形　　　　　　　修剪倒圆角　　　　　　取消修剪倒圆角

图 3.35　三条线间生成圆角（不删除第三条曲线）

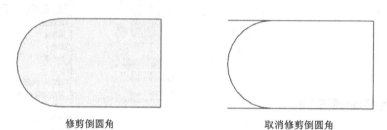

修剪倒圆角　　　　　　　　　　取消修剪倒圆角

图 3.36　三条线间生成圆角（删除第三条曲线）

图 3.37　"倒斜角"对话框

若在选定的图线之间生成的圆角可以有多个不同的方案，则可以在"圆角"工具栏上"选项"区域内单击"创建备选圆角"按钮，在不同方案之间切换。

2．倒斜角

"倒斜角"命令用于在两条图线之间生成倒角。单击"曲线"工具条上的"倒斜角"按钮，弹出"倒斜角"对话框，如图 3.37 所示。倒斜角的类型有以下 3 种。

（1）对称倒斜角：在对话框的"偏置"区域"倒斜角"下拉列表中选择"对称"，在"距离"文本框中输入倒角的距离尺寸，单击对话框中"要倒斜角的曲线"区域激活"选择直线"指令，在绘图区域选择两条直线可制作对称倒角，如图 3.38 所示。

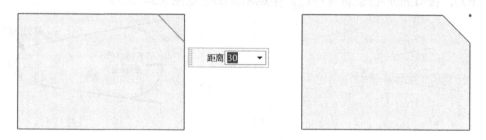

图 3.38　对称倒斜角

（2）非对称倒斜角：在对话框的"偏置"区域"倒斜角"下拉列表中选择"非对称"，在"距离"文本框中输入倒角两侧的距离尺寸，单击对话框中"要倒斜角的曲线"区域激活"选择直线"指令，在绘图区域选择两条直线可制作非对称倒斜角，如图 3.39 所示。倒斜角的方向与选择两直线的次序及单击确认的位置有关，若倒角倾斜的方向与所需方向相反，则调整选择两直线的次序或拖动鼠标改变单击确认的位置即可。

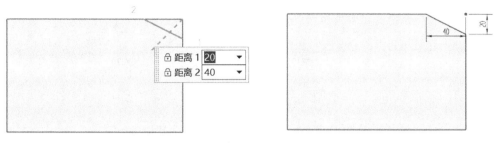

图 3.39 非对称倒斜角

（3）偏置和角度倒斜角：在对话框的"偏置"区域"倒斜角"下拉列表中选择"偏置和角度"，在"距离"和"角度"文本框中输入倒角与一侧的夹角及一侧的距离尺寸，单击对话框中"要倒斜角的曲线"区域激活"选择直线"指令，在绘图区域选择两条直线可制作倒角，如图 3.40 所示。若倒角倾斜的方向与所需方向相反，则调整选择两直线的次序或拖动鼠标改变单击确认的位置即可。

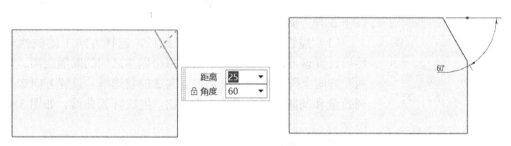

图 3.40 偏置和角度倒斜角

3.2.6 偏置、阵列与镜像曲线

1. 偏置曲线

"偏置曲线"命令用于生成草图平面上曲线串的等距线。单击"曲线"工具条上的"偏置"按钮，弹出"偏置曲线"对话框，如图 3.41 所示。首先，选中要偏置的曲线，然后在对话框中设定相应的选项和参数，单击"确定"按钮，完成图线偏置。对话框设置如下：

（1）在"偏置"区域"距离"文本框中输入偏置后的图线与原图线之间的距离。

（2）当预览到的偏置图线的位置与期望的位置不符时，可单击"反向"按钮，则偏置位置可在原图线的内侧与外侧之间切换。

（3）"对称偏置"复选框选中时，可同时在原图线的内外两侧各偏置一条等距离的图线。

图 3.41 "偏置曲线"对话框

（4）"副本数"文本框可输入一次性生成偏置曲线的数目。

（5）当偏置图线位于原图线外侧时，需在"截断选项"中选择所需的类型。

① 延伸截断：偏置后的图线如有断口，则延伸至相交的交点处，如图 3.42（a）所示。

② 圆弧截断：偏置后的图线如有断口，则用圆弧相连接，如图 3.42（b）所示。

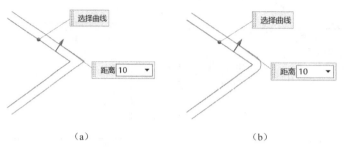

图 3.42 偏置曲线

2. 阵列曲线

图 3.43 "阵列曲线"对话框

"阵列曲线"命令用于复制阵列现有曲线。单击"曲线"工具条上的"阵列曲线"按钮，弹出"阵列曲线"对话框，如图 3.43 所示。首先，选择要阵列的曲线，然后在对话框中设定相应的选项和参数，单击"确定"按钮，完成曲线阵列。曲线阵列布局有以下 3 种方式。

（1）线性阵列：选定阵列曲线后，选择方向 1 的线性对象，然后设置该方向上的阵列数量和每个副本之间的间隔距离。如需在两个方向上阵列曲线，可单击方向 2 的复选框，设置方向 2 上的阵列数量和间隔，单击"确定"按钮，生成阵列曲线，如图 3.44（a）所示。

（2）圆形阵列：选定阵列曲线后，选择旋转点，然后设置斜角方向上的阵列数量和每个副本之间的间隔角度，单击"确定"按钮，生成阵列曲线，如图 3.44（b）所示。

（3）常规阵列：选定阵列曲线后，选择起始点或坐标系，然后指定终点，单击"确定"按钮，生成阵列曲线，如图 3.44（c）所示。

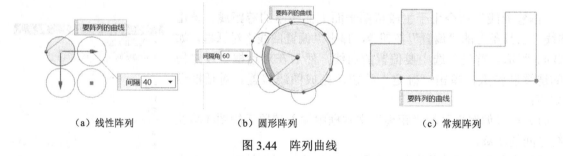

（a）线性阵列   （b）圆形阵列   （c）常规阵列

图 3.44 阵列曲线

3. 镜像曲线

"镜像曲线"命令可通过现有草图曲线创建几何图形的镜像副本。单击"曲线"工具条上的"镜像曲线"按钮，弹出"镜像曲线"对话框，如图 3.45 所示。

以图 3.46（a）所示的曲线为要镜像的曲线，选定要镜像的曲线后，选择直线为中心线，单击"确定"按钮，即可生成镜像曲线，如图 3.46（b）所示，若需将中心线转化为参考线，单击"中心线转换为参考"复选框即可。

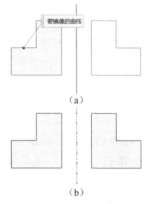

图 3.45　"镜像曲线"对话框　　　　图 3.46　镜像曲线

3.2.7　其他草图曲线命令

单击"曲线"工具条上的下拉列表中的"更多库",可弹出其他曲线绘制命令,如图 3.47 所示。

1.派生直线

单击"派生直线"按钮，可绘制派生直线。派生直线命令可用于按指定间距绘制与现有直线平行的直线,如图 3.48 所示;或绘制两条直线平行的中线,如图 3.49 所示;或绘制两条相交线的角平分线,如图 3.50 所示。

图 3.47　更多曲线绘制命令

图 3.48　派生平行线

图 3.49　派生两平行线的中线

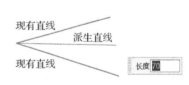

图 3.50　派生两相交直线的中线

2.二次曲线

图 3.51　"二次曲线"对话框

"二次曲线"命令用于构建平面和圆锥的相交曲线,单击"曲线"工具条上的"二次曲线"按钮，弹出"二次曲线"对话框,如图 3.51 所示。通过设置起点、终点和控制点则可以生成二次曲线,其中"Rho"值表示曲线的锐度,其范围大于 0 小于 1。

3.椭圆

"椭圆"命令用于绘制椭圆曲线,单击"曲线"工具条上的"椭圆"按钮，弹出"椭圆"对话框,如图 3.52 所示。通过指定椭圆中心,设置长轴和短轴半径的值即可生成椭圆曲线。在"限制"区域可设置椭圆曲线是否封闭,可通过起始角度设置绘制一部分椭圆曲线;在"旋转"区域可设置椭圆曲线大半径方向与水平方向的夹角,改变椭圆曲线的方向。

4．多边形

"多边形"命令用于构建多边形，单击"曲线"工具条上"多边形"按钮，弹出"多边形"对话框，如图 3.53 所示。多边形创建方式包括内切圆半径、外接圆半径和边长，通过指定中心点，设置边数、半径或边长的值和旋转角度，即可生成所需要的多边形曲线。

5．拟合曲线

"拟合曲线"命令通过点、曲线或者面来创建一系列的曲线。拟合出来的曲线可以是直线、圆、椭圆、样条。单击"曲线"工具条上的"拟合曲线"按钮，弹出"拟合曲线"对话框，如图 3.54 所示。拟合曲线类型分为拟合样条、拟合直线、拟合圆和拟合椭圆 4 种类型。其中拟合直线、拟合圆和拟合椭圆创建类型下的各个操作选项基本相同。如选择点的方式有自动判断、指定的点和成链的点 3 种，创建出的曲线也可以通过"结果"来查看误差。与其他 3 种类型不同的就是拟合样条类型，其可选的操作对象有自动判断、指定的点、成链的点、曲线、面和小片面体 6 种。其操作中涉及的操作内容也比其他 3 种较多，多出来的设置选项有对点的约束、投影方向设置和参数化设置。

图 3.52　"椭圆"对话框

图 3.53　"多边形"对话框

图 3.54　"拟合曲线"对话框

6．优化曲线

"优化曲线"主要是指优化 2D 线框几何体，控制 2D 曲线精度，移除曲线的约束和参数。单击"优化曲线"按钮，弹出"优化 2D 曲线"对话框，如图 3.55 所示。可通过设置"距离阈值"和"角度阈值"调整优化精度值。

3.3　草图曲线编辑

图 3.55　"优化 2D 曲线"对话框

使用"编辑"工具条中的草图编辑功能按钮可对各种草图曲线进行编辑，草图编辑工具如

图 3.56 所示。下拉列表中还可选择更多库，包含编辑库和修剪库，如图 3.57 所示。

1．修剪

"修剪"命令用于剪裁曲线上多余的部分，单击"编辑"工具条上的"修剪"按钮，弹出"修剪"对话框，如图 3.58 所示。修剪的方法有以下两种。

图 3.56　草图编辑工具图

图 3.57　更多库图　　　　　　图 3.58　"修剪"对话框

（1）设定边界修剪：如要裁剪图 3.59（a）所示两条相交直线位于圆形区域内的部分，单击激活"修剪"对话框中"边界曲线"选项中的"选择曲线"区域，在图形区用鼠标选择圆形的边界（根据需要，可以一次性连续选择多条边界曲线）；单击激活对话框中"要修剪的曲线"选项中"选择曲线"区域，在图形区用鼠标选择要裁剪掉的曲线，如图 3.59（b）所示。

（2）不设边界修剪：如要裁剪图 3.59（a）所示的两条相交直线位于圆形区域外的部分，可直接单击激活对话框中"要修剪的曲线"选项中"选择曲线"区域，在图形区域用鼠标选择要裁剪掉的曲线，修剪结果如图 3.59（c）所示。

当一次要修剪多个对象时，可按住鼠标左键并拖动，这时光标拖动轨迹会形成一条曲线，如图 3.59（d）所示，与画出的曲线相交的线段都将被裁剪掉。

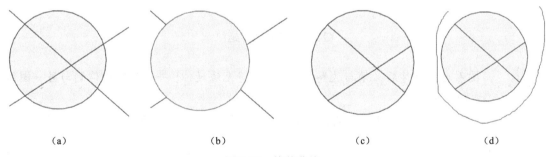

（a）　　　　　　　　（b）　　　　　　　　（c）　　　　　　　　（d）

图 3.59　修剪曲线

2．延伸

"延伸"命令用于将曲线延伸至另一临近曲线或选定的边界。单击"编辑"工具条上的"延伸"按钮，弹出"延伸"对话框，如图 3.60 所示。延伸的方法有以下两种。

（1）设定边界延伸：如要将图 3.61（a）所示直线 1 直接延伸至与直线 3 相交，单击激活"延伸"对话框中"边界曲线"选项中"选择曲线"区域，在图形区用鼠标选择作为延伸界限的图线直线 3（根据需要，可以一次性连续选择多条边界曲线）；单击激活对话

图 3.60　"延伸"对话框

框中"要延伸的曲线"选项中"选择曲线"区域，在图形区用鼠标选择要延伸的曲线，延伸结果如图 3.61（b）所示。

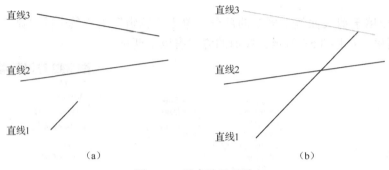

（a）　　　　　　　　　　　　　　（b）

图 3.61　设定边界延伸

（2）不设边界延伸：如要将图 3.61（a）所示直线 1 直接延伸至与直线 3 相交，单击激活"延伸"对话框中"要延伸的曲线"选项中"选择曲线"区域，在图形区用鼠标选择要延伸的直线 1，延伸结果如图 3.62（a）所示，再次用鼠标选择要延伸的直线 1，延伸结果如图 3.62（b）所示。

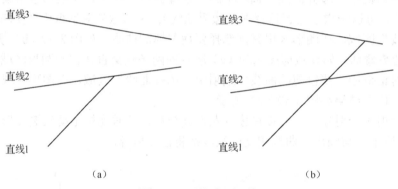

（a）　　　　　　　　　　　　　　（b）

图 3.62　不设边界延伸

 图形对象延伸后必须与边界相交，否则将无法延伸；并且只能延伸到与另一图线相交的交点处；

选择要延伸的对象时，鼠标单击的位置必须位于中点一侧靠近边界的部分。

3. 拐角

图 3.63　"拐角"对话框

"拐角"命令用于将两条图线延伸或修剪到一个交点处来制作拐角。单击"编辑"工具条上的"拐角"按钮×，弹出"拐角"对话框，如图 3.63 所示，选择两条曲线可制作拐角。

当选择的两条图线不相交时，如图 3.64（a）所示，将两线延伸至交点后形成拐角，如图 3.64（b）所示。

当选择的两条图线相交时，如图 3.65（a）所示，将两线修剪至交点后形成拐角。选择图线时，鼠标单击的部位不同，修剪后的结果也不同，最终保留的图线是交点一侧鼠标单击的部分，如图 3.65（b）、（c）、（d）、（e）所示。

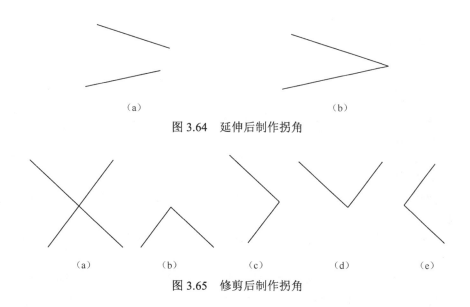

(a)   (b)

图 3.64   延伸后制作拐角

(a)   (b)   (c)   (d)   (e)

图 3.65   修剪后制作拐角

3.4 草图约束

草图约束分为几何约束和尺寸约束，几何约束用于控制草图的几何形状，定位草图对象和确定草图对象之间的相互位置关系；尺寸约束用于控制一个草图对象的尺寸或两个对象间的相对位置关系，相当于对草图对象进行尺寸标注。与尺寸标注不同之处在于，尺寸约束可以驱动草图对象的尺寸，即根据给定尺寸驱动、限制和约束草图对象的形状、大小或位置。草图绘制时可以先勾画出近似的轮廓，然后进行几何约束，再添加尺寸约束，使轮廓达到设计要求，草图绘制区域下边框显示"草图已完全定义"，则表示处于完全约束状态。

3.4.1 几何约束

单击绘图区域顶部的几何约束功能按钮可以进行几何约束，具体约束条件的含义如下：

（1）╱ 设为重合：移动所选对象以与上一个所选对象成"重合""同心"或"点在曲线上"关系。

（2）╱ 设为共线：呈"共线"关系。

（3）— 设为水平：移动所选对象以与上一个所选对象水平对齐。

（4）│ 设为竖直：移动所选对象以与上一个所选对象竖直对齐。

（5）ᐳ 设为相切：移动所选曲线以与上一个所选对象成"相切"关系。

（6）╱╱ 设为平行：移动所选直线以与上一个所选对象成"平行"关系。

（7）✕ 设为垂直：移动所选曲线以与上一个所选曲线成"垂直"关系。

（8）═ 设为相等：移动所选曲线以与上一个所选曲线成"等半径"关系。

（9）凵 设为对称：移动所选对象以通过对称线与第二个对象成"对称"关系。

（10）├─ 设为中点对齐：移动点以与直线的中点对齐。此命令会创建持久关系。

    与图线端点相关的约束需捕捉图线的端点，将光标选择球套住图线端点；与图线整体相关的约束不能捕捉图线的端点，操作时要特别注意。

3.4.2 尺寸约束

使用"求解"工具条中的功能按钮可对各种草图曲线施加尺寸约束，如图 3.66 所示。

各功能按钮含义如下：

（1）固定曲线：单击"固定曲线"按钮，弹出"固定曲线"对话框，如图 3.67 所示，通过选择要固定的曲线或点，使其不可修改。

（2）显示可移动：选中"显示可移动"时，可自动评估草图并标识出可通过拖动操作移动的对象，并通过颜色叠加来显示。

（3）松弛尺寸：选中"松弛尺寸"时，允许尺寸更改值以使求解草图时找到的关系比尺寸值更为重要。

（4）松弛持久关系：选中"松弛持久关系"时，当存在多个尺寸或持久关系时更改所绘制轮廓的形状。

（5）尺寸约束类型：单击"快速尺寸"按钮下方箭头弹出下拉菜单，如图 3.68 所示。尺寸约束类型包括快速尺寸、线性尺寸、径向尺寸、角度尺寸、周长尺寸，其含义分别如下：

快速尺寸：通过基于选定的对象和光标的位置自动判断尺寸类型来创建尺寸约束；

线性尺寸：在两个对象或点位置之间创建线性距离约束；

径向尺寸：创建圆形对象的半径或直径约束；

角度尺寸：在两条不平行的直线之间创建角度约束；

周长尺寸：创建周长约束以控制选定直线和圆弧的长度。

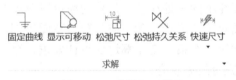

图 3.66 "求解"工具条

图 3.67 "固定曲线"对话框

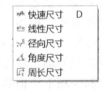

图 3.68 尺寸约束类型

3.5 操作实例

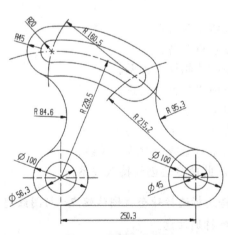

图 3.69 草图曲线实例

本节将通过实例介绍草图曲线绘制的一般操作过程。通常，一个图线的绘制方法和步骤并非是唯一的，不同的操作人员有不同的操作风格和操作习惯，适合自己的方法就是最好的方法。现介绍图 3.69 所示某机械零件轮廓曲线的画法。

（1）新建模型文件，单击"新建"按钮，单击"模型"按钮，命名模型为"model1"，单击"确定"按钮。

（2）单击"草图"按钮，选择任一基准平面，单击"确定"按钮。

（3）绘制中心线（即定位线）：单击"直线"按钮，绘制一条水平线、两条垂直线，右击"转化为参考"按

钮 ⫲ （图 3.70）。

（4）绘制同心圆：单击"曲线"工具条上的"圆"按钮◯，选择原点输入直径 100 限制圆的大小；单击"阵列"按钮 ⚙，选择圆作为"要阵列的曲线"，布局选择"线性" ⬒，线性方向选择"水平中心线"，间距选择"数量和间隔"，数量输入"2"，间隔输入 250.3（注意阵列方向若为反向则单击"反向"按钮），单击"确定"按钮；单击"圆"按钮◯，单击"捕捉点"按钮 ⊕，选择"圆弧中心"按钮 ◉，选中原来两圆的圆心分别绘制直径为 45 和 56.3 的圆（见图 3.71）。

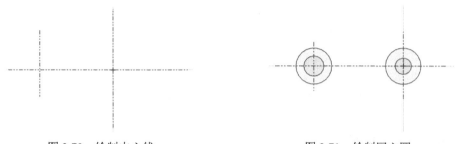

图 3.70　绘制中心线　　　　　　　　图 3.71　绘制同心圆

（5）绘制定位线：单击"圆弧"按钮 ⌒，选择"中心和端点定圆弧"按钮 ◰，单击"捕捉点"按钮 ⊕，选择"圆弧中心"按钮 ◉，选中原来两圆的圆心分别绘制半径为 229.5 和 215.2 的两段圆弧；单击"捕捉点"按钮 ⊕，选择"交点"按钮 ⊹，选中两圆弧交点作为圆心，输入半径 160.5，绘制圆弧使之与半径 229.5 的圆弧产生交点；选中所有绘制的圆弧，右击选择"转化为参考"按钮 ⫲，将所绘制的圆弧转化为参考（见图 3.72）。

（6）绘制腰形：单击"曲线"工具条上的"圆"按钮◯，单击"捕捉点"按钮 ⊕，选择"交点"按钮 ⊹，在两交点绘制直径分别为 40 和 90 的同心圆；单击"偏置"按钮 ▣，"要偏置的曲线"选择"半径为 229.5 的圆弧"，距离输入 20，并勾选"对称偏置"复选框，副本数输入 1，"截断选项"选择"延伸截断"，单击"应用"按钮；重复偏置操作，"要偏置的曲线"选择"半径为 229.5 的圆弧"，距离输入 45，并勾选"对称偏置"复选框，副本数输入 1，"截断选项"选择"延伸截断"，单击"确定"按钮；单击"修剪"按钮 ╳，单击多余的曲线进行修剪（见图 3.73）。

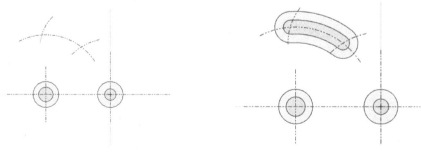

图 3.72　绘制定位线　　　　　　　　图 3.73　绘制腰形

（7）绘制连接圆弧：单击"圆角"按钮 ⌐，选择左侧直径为 100 的圆和左侧半径为 45 的圆弧，输入连接圆弧的半径 84.6，绘制左侧连接圆弧；选择右侧半径为 45 的圆弧和右侧直径为 100 的圆，输入连接圆弧半径 95.3，绘制右侧连接圆弧（见图 3.74）。

（8）绘制相切直线：单击"直线"按钮 ╱，在直径为 100 的圆下方绘制一条水平直线，单击"设为相切"按钮 ∠，在弹出的"设为相切"对话框中依次选择直线和圆，单击"确定"按钮，使直线与圆相切；单击"修剪"按钮×，对多余的曲线进行修剪（见图 3.75）。

（9）完成草图绘制：单击"完成"按钮⚑，单击"保存"按钮📖，保存文件。

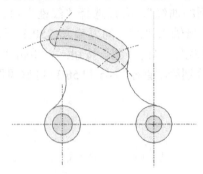
图 3.74　绘制连接圆弧

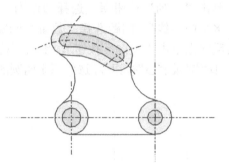
图 3.75　绘制相切直线

思考题与操作题

3-1　思考题

3-1.1　草图绘制的一般顺序是什么？需要注意什么？

3-1.2　草图几何约束都有哪些？具体如何操作？

3-2　操作题

3-2.1　请综合利用草图命令绘制以下几组草图，如图 3.76 所示。

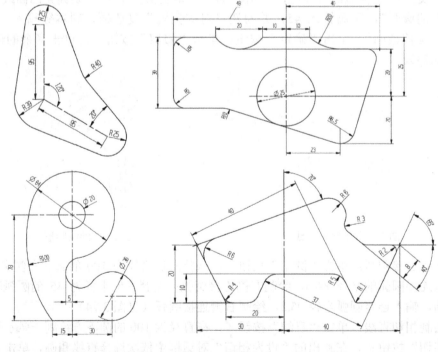

图 3.76　草图

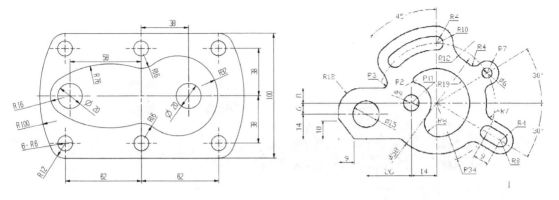

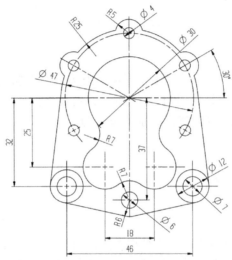

图 3.76 草图（续）

第4章

实体建模

UG 实体建模是基于特征的参数化系统，具有交互创建和编辑复杂实体模型的能力，能够帮助用户快速进行概念设计和细节结构设计。另外，系统还将保留每步的设计信息，与传统基于线框和实体的 CAD 系统相比，具有特征识别的编辑功能。本章主要介绍三维实体模型的创建和编辑。

4.1 基本体素特征

基本实体模型是实体建模的基础，通过相关操作可以建立各种基本实体，包括块体、圆柱体、圆锥体和球体等。通过菜单【插入】|【设计特征】或在"基本"工具条中选择相应工具按钮创建相应基本体素特征。

 若工具条中无相应工具，可在工具条上右击，在菜单中单击"定制"，在弹出的"定制"对话框中找到该工具，将相应工具拖动到工具条中方便在"基本"工具条中直接调用相应特征按钮。

4.1.1 块

单击"基本"工具条中的"块"按钮，或选择菜单【插入】|【设计特征】|【块】，弹出"块"对话框，可以创建棱边与坐标轴平行的块体。在对话框首行下拉列表框中可选择 3 种创建块体的方式。

1．原点和边长

该选项为默认选项，如图 4.1 所示，在绘图区域，通过点构造器或点捕捉工具指定原点，并在"尺寸"区域输入块体的长度、宽度和高度，单击"确定"按钮，即可创建块体。

2．两点和高度

选择该选项后，对话框显示如图 4.2 所示，通过点构造器或点捕捉工具设置"原点"和"从原点出发的点 XC,YC"，指定块体的面对角线的两个对角点，并在"维度"区域输入高度值，单击"确定"按钮，即可创建块体。

3. 两个对角点

选择该选项后，对话框显示如图 4.3 所示，在"原点"和"从原点出发的点 XC,YC,ZC"两个区域分别单击后指定作为块体体对角线的两个端点，单击"确定"按钮，即可创建块体。

⚠️ 在对话框的"布尔"区域中可选择布尔运算方式，当选择"无"时，块体将创建为独立的单个实体，当选择其余选项时，需选择目标体与创建的块体进行相应的布尔运算。

图 4.1 原点和边长方式

图 4.2 两点和高度方式

图 4.3 两个对角点方式

4.1.2 圆 柱

单击"基本"工具条中的"圆柱"按钮 🔵，或选择菜单【插入】|【设计特征】|【圆柱】，弹出"圆柱"对话框，可以创建圆柱体。在对话框首行下拉列表框中可选择两种创建圆柱体的方式。

1. 轴、直径和高度

该选项为默认选项，如图 4.4 所示，在"轴"区域单击后用鼠标在绘图窗口捕捉，或通过矢量构造器指定矢量为圆柱中心轴方向，指定点为圆柱底面的中心点，并在"尺寸"区域输入直径和高度，单击"确定"按钮，即可创建圆柱体。

2. 圆弧和高度

选择该方式后，对话框显示如图 4.5 所示。在"圆弧"区域指定圆或圆弧作为圆柱的底面，并在"维度"区域中输入圆柱高度值，单击"确定"按钮，即可创建圆柱体。

图 4.4 轴、直径和高度方式

图 4.5 圆弧和高度方式

4.1.3　圆锥

单击"基本"工具条中的"圆锥"按钮，或选择菜单【插入】|【设计特征】|【圆锥】，弹出"圆锥"对话框，可以创建圆锥或圆台。在对话框首行下拉列表框中可选择 5 种创建圆锥或圆台的方式。

1．直径和高度

该选项为默认选项，如图 4.6 所示，通过指定一个轴向矢量作为圆锥中心轴方向，指定点作为圆锥底面的中心点，并输入底部直径、顶部直径和高度尺寸来创建圆锥或圆台。

2．直径和半角

通过指定一个轴向矢量作为圆锥中心轴方向，指定点作为圆锥底面的中心点，并输入底部直径、顶部直径和锥顶半角来创建圆锥或圆台。

3．底部直径，高度和半角

通过指定一个轴向矢量作为圆锥中心轴方向，指定点作为圆锥底面的中心点，并输入底部直径、高度和锥顶半角来创建圆锥或圆台。

4．顶部直径，高度和半角

通过指定一个轴向矢量作为圆锥中心轴方向，指定点作为圆锥底面的中心点，并输入顶部直径、高度和锥顶半角来创建圆锥或圆台。

5．两个共轴的圆弧

选择该方式后，对话框显示如图 4.7 所示。通过指定已存在的两个不共面但共轴的圆弧或圆（可以是曲线，也可以是实体边缘）作为圆锥的底面和顶面的边缘创建圆锥或圆台。

⚠️ 底面直径不能为 0，顶面直径可以为 0，当顶面直径为 0 时创建的为圆锥，否则为圆台。锥顶半角可以为负，此时，顶面直径大于底面直径。

图 4.6　直径和高度方式

图 4.7　两个共轴的圆弧方式

4.1.4 球

单击"基本"工具条中的"球"按钮◯，或选择菜单【插入】|【设计特征】|【球】，弹出"球"对话框，可以创建球体。在对话框首行下拉列表框中可选择两种创建球体的方式。

1. 中心点和直径

该选项为默认选项，如图 4.8 所示，在绘图区域，通过点构造或点捕捉工具指定球体的球心位置，并在"维度"区域输入球体直径，单击"确定"按钮，即可创建球体。

2. 圆弧

选择该方式时，对话框显示如图 4.9 所示，单击"圆弧"区域的"选择圆弧"后用鼠标在绘图窗口捕捉曲线圆弧或圆，也可以是实体边缘，以确定球体位置和半径创建球体。

图 4.8　中心点和直径方式

图 4.9　圆弧方式

4.2 扫描特征

扫描特征用于将二维曲线按一定的路径运动转化成为三维实体的操作，有拉伸、旋转、按引导线扫掠、管等。扫描特征中的应用对象主要有截面线串和路径两种，截面线串按路径扫描从而生成扫描特征。用于扫描的截面线串可以是草图特征、曲线、面的边线或实体边缘等。

4.2.1 拉伸

"拉伸"命令将截面线串在指定的方向上拉伸，形成实体或片体。

单击"基本"工具条中的"拉伸"按钮◎，或选择菜单【插入】|【设计特征】|【拉伸】，弹出"拉伸"对话框，如图 4.10 所示。

图 4.10　"拉伸"对话框

1. 选择截面线串

选择已有的线串（包括曲线、面的边缘或实体边缘），也可以新建平面进入草图界面绘制草图，作为拉伸对象。若选择的拉伸对象为封闭的线串，则生成实体或片体，可以由用户进行选择；若拉伸对象为不封闭的线串，只能生成片体。

2. 选择拉伸方向

默认的拉伸方向为截面线串所处平面的法向，也可以选择已有的矢量，或使用"方向"区域的"矢量构造器"创建矢量作为拉伸方向。

3. 设置拉伸的起始位置

在"限制"区域可定义拉伸特征的整体构造方法和拉伸范围。

（1）值：指定拉伸起始或结束的值。

（2）对称值：开始的限制距离与结束的限制距离相同。

（3）直至下一个：将拉伸特征沿路径延伸到下一个实体表面，如图 4.11（a）所示。

（4）直至选定：将拉伸特征延伸到选择的面、基准平面或体，如图 4.11（b）所示。

（5）直至延伸部分：截面在拉伸方向超出被选择对象时，将其拉伸到被选择对象延伸位置为止，如图 4.11（c）所示。

（6）偏离所选项：将拉伸特征延伸到选择的面、基准平面或体，并加上偏置值，如图 4.11（d）所示。

（7）贯通：沿指定方向的路径延伸拉伸特征，使其完全贯通所有的可选体，如图 4.11（e）所示。

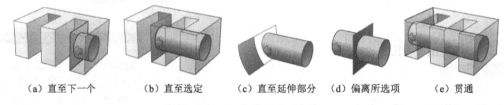

（a）直至下一个　　　（b）直至选定　　　（c）直至延伸部分　　（d）偏离所选项　　　（e）贯通

图 4.11 "拉伸"不同方式

4. 选择布尔操作方式

只有在存在实体的情况下，才能选择布尔操作，如果有多个实体存在，则要选择目标体。

5. 指定拔模方式

在拉伸特征的一侧或多侧添加斜率。在拉伸时，为了方便出模，通常会对拉伸体设置拔模角度，共有 6 种拔模方式。

（1）无：不创建任何拔模。

（2）从起始限制：从拉伸开始位置进行拔模，开始位置与截面形状一样，如图 4.12（a）所示。

（3）从截面：从截面开始位置进行拔模，截面形状保持不变，开始和结束位置进行变化，如图 4.12（b）所示。

（4）从截面-不对称角：截面形状不变，起始和结束位置分别进行不同的拔模，两边拔模角可以设置不同角度，如图 4.12（c）所示。

（5）从截面-对称角：截面形状不变，起始和结束位置进行相同的拔模，两边拔模角度相同，如图 4.12（d）所示。

（6）从截面匹配的终止处：截面两端分别进行拔模，拔模角度不一样，起始端和结束端的形状相同，如图 4.12（e）所示。

（a）从起始限制　　　（b）从截面　　（c）从截面-不对称角　（d）从截面-对称角　（e）从截面匹配的终止处

图 4.12　不同拔模方式

6．选择偏置类型

为拉伸特征添加偏置，用于设置拉伸对象在垂直于拉伸方向上的延伸，共有 4 种偏置类型。

（1）无：不创建任何偏置。

（2）单侧：向拉伸添加单侧偏置。

（3）两侧：向拉伸添加具有起始和终止值的偏置。

（4）对称：向拉伸添加具有完全相等的起始和终止值。

7．选择拉伸体类型

在对话框的"设置"区域选择要拉伸生成的体类型，有片体和实体供选择。

8．预览

选中"预览"复选框后，单击"显示结果"按钮，用户可预览绘图工作区的临时实体的生成状态，以便及时修改和调整。

4.2.2　旋转

"旋转"命令将截面线串绕指定轴线旋转一定角度，形成回转体。

单击"基本"工具条中的"旋转"按钮 ⬦，或选择菜单【插入】|【设计特征】|【旋转】，弹出"旋转"对话框，如图 4.13 所示。建立回转体的操作步骤如下。

（1）指定旋转截面，可以选择已有的线串（包括草图、曲线、面的边缘或实体边缘），也可以选择一平面进入草图界面绘制草图，作为回转对象。若选择的回转对象为封闭线串，则生成实体或封闭的片体，可以由用户进行选择；若回转对象为不封闭的线串，且旋转角为 360°，则生成的对象可能是实体，也可能是片体；若回转对象为不封闭的线串，且旋转角小于 360°，则生成的对象只能是片体。

（2）指定回转轴的方向和回转轴通过的一个点。

（3）设置回转的起止角度。

（4）选择布尔操作方式及操作目标体。系统默认新生成的回转体为工具体，要选择目标体。

图 4.13　"旋转"对话框

（5）在"偏置"区域选择偏置类型并输入偏置值，或在绘图窗口拖动偏置手柄设置偏置值。

（6）设置回转要生成的体类型，选择生成片体或实体。

（7）用户可预览绘图工作区的生成状态，以便及时修改和调整。

（8）单击"确定"按钮，完成旋转操作。

4.2.3　沿引导线扫掠

图 4.14　"沿引导线扫掠"对话框

"沿引导线扫掠"命令可将截面线串按指定的引导线扫描形成体，扫描过程中保持截面与扫描引导线切向夹角不变。

单击"基本"工具条中的"沿引导线扫掠"按钮 ，或选择菜单【插入】|【扫掠】|【沿引导线扫掠】，弹出"沿引导线扫掠"对话框，如图 4.14 所示。用沿引导线扫掠方式创建体的步骤如下。

（1）选择已有的截面线串，如图 4.15-①所示，截面线串可以是草图曲线、空间曲线、片体边线或实体边缘。

（2）选择已有的引导线，如图 4.15-②所示。如果引导路径上两条相邻的线以锐角相交，或引导路径上的圆弧半径对于截面曲线而言太小，将无法创建扫掠特征。换言之，路径必须是光滑的、切向连续的。

（3）若要进行偏置，可在"偏置"区域设定第一偏置和第二偏置。

（4）确定布尔操作类型。

（5）设置体的类型（片体或实体）、尺寸链公差和距离公差。

（6）在绘图区域中预览结果，如图 4.15-③所示。

（7）单击"确定"按钮，完成沿引导线扫掠操作。

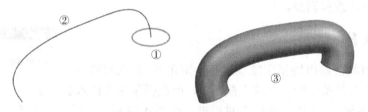

图 4.15　沿引导线扫掠

4.2.4　管

"管"命令是指用指定直径的圆作为截面按指定的引导线扫描成体，需要注意的是，引导线必须光滑、相切和连续，扫描过程与"沿引导线扫掠"方式类似。

单击"基本"工具条中的"管"按钮 ，或选择菜单【插入】|【扫掠】|【管】，弹出"管"对话框，如图 4.16 所示。用管命令创建圆截面扫描体的步骤如下。

（1）选择已有曲线作为管道延伸的路径。

（2）输入管道的外径和内径值。当内径值为 0 时，生成实心棒体。

（3）指定布尔运算操作。

（4）设置管道截面的类型，其中有"单段"和"多段"可选，选定的类型不能在编辑过程中被修改。选择"单段"时，在整个样条路径长度上只有一个管道面（存在内直径时为两个），如图 4.17（a）所示；选择"多段"时，用一系列圆柱和圆环面沿路径逼近管道表面，如图 4.17（b）所示，其依据是用直线和圆弧逼近样条路径（使用公差建模），对于直线路径段，将管道创建为圆柱，对于圆形路径段，将管道创建为圆环。

图 4.16　"管"对话框

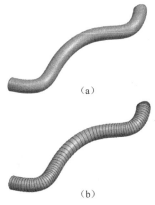

（a）

（b）

图 4.17　管道操作

⚠　创建管时，引导线必须是光滑连续的曲线。

4.3　成型特征

成型特征是指在实体模型上添加细节结构，其创建过程类似于零件的粗加工过程，可以添加材料到实体上或从实体上去除材料，常用的特征有：孔、凸起、槽、筋板、螺纹等。

4.3.1　孔

"孔"命令用于在已存在的实体上创建孔特征。

单击"基本"工具条上的"孔"按钮◈，或选择菜单【插入】|【设计特征】|【孔】，弹出"孔"对话框，如图 4.18 所示。创建孔特征的一般步骤如下。

在"孔"对话框首行下拉列表中选择孔的类型。孔类型有简单孔、沉头孔、埋头孔、锥孔、有螺纹孔和孔系列。

（1）简单孔：尺寸参数含义如图 4.19 所示，形状参数设置如图 4.20 所示，其中"形状"区域的"孔大小"可选择定制、钻孔尺寸和螺钉间隙。

① 选择"定制"时，设置孔径值即可。

② 选择"钻孔尺寸"时，"标准"可选择 ISO 或 ANSI，设置大小值；"配合"选项可选择是否由用户自定义孔的某些尺寸，若选择"Exact"，孔的直径、倒角等参数由系统直接给定，若选择"Custom"，则用户可自定义以上参数；"位置"区域设置孔的中心点的位置；"方向"区域设置孔的方向；"限制"区域设置孔的深度和顶锥角度数。

③ 选择"螺钉间隙"时，可创建与螺纹连接件相配合使用的光孔，首先在形状区域设置标准、螺钉类型、螺丝规格和配合类型等参数；"位置"区域设置孔的中心点的位置；"方向"区域设置孔的方向；"限制"区域设置孔的深度和顶锥角度数。

图4.18 "孔"对话框

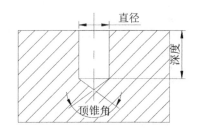

图4.19 简单孔尺寸参数含义

（a）"定制"形状参数　　　　（b）"钻孔尺寸"形状参数　　　　（c）"螺钉间隙"形状参数

图4.20 简单孔形状参数设置

（2）沉头孔：其尺寸参数含义如图4.21所示，形状参数设置如图4.22所示，其中"形状"区域的"孔大小"可选择定制和螺钉间隙。选择"定制"时，需设置孔径、沉头直径和沉头深度值；选择"螺钉间隙"时，需设置标准、螺钉类型、螺丝规格和配合类型等参数；其他区域参数设置与简单孔类似，即可生成所需的沉头孔。

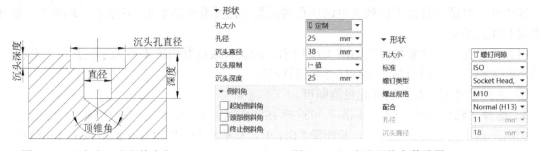

图4.21 沉头孔尺寸参数含义　　　　图4.22 沉头孔形状参数设置

（3）埋头孔：其尺寸参数含义如图4.23所示，其形状参数设置如图4.24所示，其中"形状"区域的"孔大小"可选择定制和螺钉间隙。选择"定制"时，需设置孔径、埋头直径、埋头角度等，选择"退刀槽"和"倒斜角"复选框时，可设置退刀槽深度、起始和终止倒斜角的偏移和角度；选择"螺钉间隙"时，需设置标准、螺钉类型、螺丝规格和配合类型等参数，其中配合类型为 Custom 时，可自定义孔径、埋头直径和埋头角度；其他区域参数与简单孔类似，即可生成埋头孔。

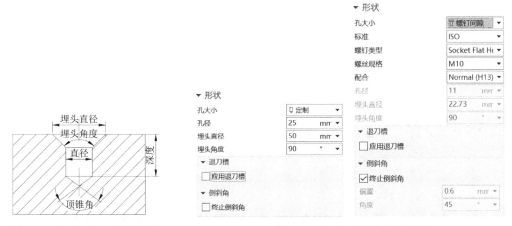

图 4.23　埋头孔尺寸参数含义　　　　　　　　图 4.24　埋头孔形状参数设置

（4）锥孔：其尺寸参数含义如图 4.25（a）所示，在形状区域设置孔径和锥角度数，其他区域参数设置与简单孔类似，即可生成锥孔。

（5）有螺纹孔：其尺寸参数含义如图 4.25（b）所示，其形状参数设置如图 4.26 所示，需设置螺纹大小、径向进刀值、螺纹深度类型等，其他参数与螺纹间隙孔参数设置类似，即可生成螺纹孔。

（6）孔系列："孔系列"命令可创建两个或三个被连接实体上用于同一组螺纹连接的孔，其尺寸参数含义如图 4.27 所示。各孔的参数可在规格区域各选项卡上设置，如图 4.28 所示，指定的位置点所在的实体为第一个实体。当被连接件为 3 个实体时，在第一个连接实体上生成起始孔，第二个实体上生成中间孔，第三个实体上生成终止孔；当被连接件为两个实体时，生成起始点和终止孔，中间孔参数无效。

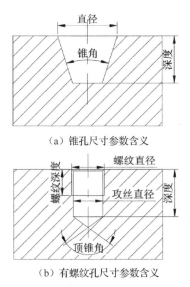

（a）锥孔尺寸参数含义

（b）有螺纹孔尺寸参数含义

图 4.25　锥孔和有螺纹孔尺寸参数含义

图 4.26　有螺纹孔形状参数设置

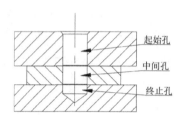

图 4.27　孔系列尺寸参数含义　　　　图 4.28　孔系列形状参数设置

4.3.2　凸起

"凸起"命令用于在某个面上创建不同形状的凸起特征。单击"基本"工具条上的"凸起"按钮◈，或选择菜单【插入】|【设计特征】|【凸起】，弹出"凸起"对话框，如图 4.29 所示。创建凸起的一般步骤如下。

（1）绘制或选择截面曲线，截面曲线必须是封闭的，可以是平面曲线，也可以是空间曲线，可在实体上也可在实体外。

（2）选择要凸起的面，如图 4.30 所示，要凸起的面为斜面。

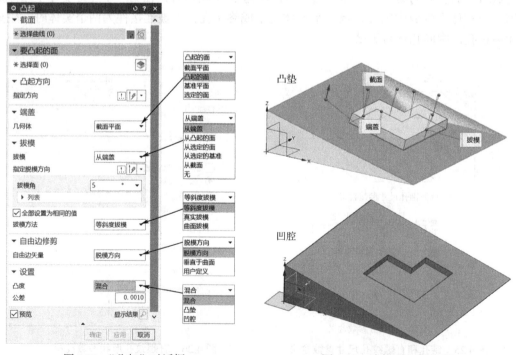

图 4.29　"凸起"对话框　　　　　　图 4.30　选择要凸起的面

（3）设置端盖，"几何体"可选择截面平面、凸起的面、基准平面和选定的面，图4.30中需选择"凸起的面"设置端盖，通过设置偏置值，生成端盖。

（4）设置拔模面、拔模方向、拔模角度和拔模方法。

（5）设置自由边矢量方向。

（6）设置凸度和公差，"凸度"可设置成凸垫和凹腔，如图4.30所示。

（7）单击"确定"按钮，完成凸起操作。

4.3.3　槽

"槽"命令用于在实体的回转面上创建环形槽。单击"基本"工具条上的"槽"按钮 🔩，或选择菜单【插入】|【设计特征】|【槽】，弹出"槽"对话框，如图 4.31 所示，槽类型包括矩形、球形端槽和 U 形槽。

图 4.31　"槽"对话框

（1）矩形：选择"矩形"槽，弹出"矩形槽"对话框，如图 4.32-①所示；选择放置槽的回转面后，弹出"矩形槽"参数设置对话框，如图 4.32-②所示，槽的参数含义如图 4.32-③所示；单击"确定"按钮后弹出"定位槽"对话框，如图4.32-④所示；选择目标边和刀具边作为定位尺寸的起止位置，弹出"创建表达式"对话框，设置尺寸值，如图4.32-⑤所示，单击"确定"按钮，即可生成矩形槽。

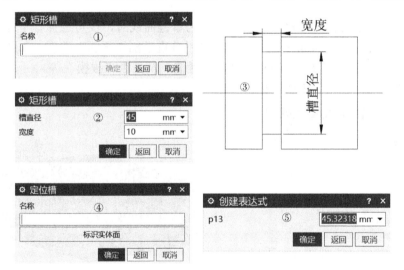

图 4.32　矩形槽创建过程

（2）球形端槽：球形端槽创建步骤与矩形槽相同，其形状参数设置及其尺寸参数含义如图4.33所示。

图 4.33　"球形端槽"形状参数设置及其尺寸参数含义

（3）U 形槽：U 形槽创建步骤与矩形槽相同，其形状参数设置及其尺寸参数含义如图 4.34 所示。

图 4.34　"U 形槽"形状参数设置及其尺寸参数含义

4.3.4　筋板

"筋板"命令通过拉伸一个平的截面以与实体相交来添加薄壁筋板或网格筋板。单击"基本"工具条上的"筋板"按钮💠，或选择菜单【插入】|【设计特征】|【筋板】，弹出"筋板"对话框，如图 4.35 所示。筋板创建的一般步骤如下。

（1）选择需创建筋板的目标体。

（2）选择截面曲线，截面曲线可以是单链曲线、多链或相交链形成的网，但所有曲线必须在同一平面内。

（3）设置筋板壁的方向、维度和厚度值，当为单链曲线时，仅可选择"平行于剖切平面"选项，如图 4.36 所示；当为多链曲线时，应选择"垂直于剖切平面"选项，如图 4.37 所示。

（4）根据需要设置"帽形体"的几何体、偏置值，及是否"拔模"等。

（5）单击"确定"按钮，生成筋板。

图 4.35　"筋板"对话框

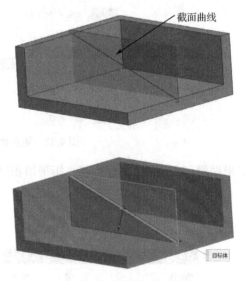

图 4.36　单链曲线创建筋板

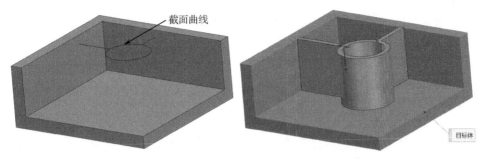

图 4.37　多链曲线创建筋板

4.3.5　螺纹

"螺纹"命令可以在圆柱面、圆锥面上或孔内创建符号螺纹或详细螺纹。单击"基本"工具条上的"螺纹"按钮，或选择菜单【插入】|【设计特征】|【螺纹】，弹出"螺纹"对话框，如图 4.38 所示。螺纹的一般创建步骤如下。

（1）选择螺纹类型，可选择符号螺纹或详细螺纹。选择符号螺纹时，系统生成一个象征性的螺纹，用虚线表示，可以节省内存，加快计算速度；选择详细螺纹时，系统生成一个仿真的螺纹，该操作很消耗内存，不建议使用。两种类型螺纹的效果如图 4.39 所示。

图 4.38　"螺纹"对话框

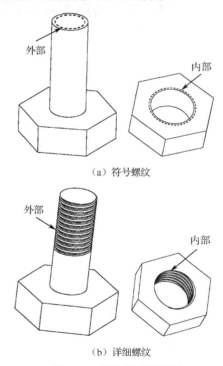

（a）符号螺纹

（b）详细螺纹

图 4.39　螺纹类型及效果

（2）选择螺纹特征所在面及起始位置。

（3）在"牙型"区域设置螺纹参数，选择好"螺纹标准"后，若选择了"使螺纹规格与圆柱匹配"复选框，则系统会根据所选的圆柱面的尺寸，给出一系列推荐的螺纹规格尺寸，否则用户可自定义螺纹规格。此外，还需设置螺纹旋向、螺纹头数和螺纹加工方法等。

（4）在"限制"区域设置螺纹限度方式和螺纹长度值。

（5）在"设置"区域设置孔尺寸和轴尺寸的首选项。

（6）单击"确定"按钮，生成所需的螺纹特征。

4.4 基准特征

在创建实体时有时会依赖已经存在的一些指定位置的矢量方向、平面、坐标系等，这时就要在这些位置上创建基准特征，便于实体的创建。在 UG 中基准特征有基准平面、基准轴和基准坐标系，本节主要介绍基准平面和基准轴。

4.4.1 基准平面

基准平面是建立特征的辅助平面，可以作为草图平面，在曲面上生成只能放置在平面上的特征的辅助平面等。

单击"构造"工具条上的"基准平面"按钮 ◈，或选择菜单【插入】|【基准】|【基准平面】，弹出"基准平面"对话框，如图 4.40 所示。UG 软件提供了 15 种创建基准平面的方法，其含义如下。

图 4.40 "基准平面"对话框

1．自动判断

根据所选对象的属性自动判断，并用以下所述方法中的某一种方法创建基准平面。

2．按某一距离

创建与指定平面平行，并且有一定距离的基准平面，操作步骤如下。

（1）在"基准平面"对话框中选择"按某一距离"类型。

（2）在图形区域选择一平面。

（3）在"偏置"区域设置偏置距离值，距离可正可负。

（4）在"平面方位"区域单击"反向"按钮可调整基准平面的法向。

（5）单击"确定"按钮，完成基准平面创建，如图 4.41 所示。

3. 成一角度

指定一平面及平行于该面的一条边线，创建过边线与指定平面成一角度的基准平面，步骤如下。

（1）在"基准平面"对话框中选择"成一角度"类型。

（2）在图形区域中选择一平面，并在已选平面内选择一条边线。

（3）在"角度"区域输入角度值。

（4）在"平面方位"区域单击"反向"按钮可调整基准平面的法向。

（5）单击"确定"按钮，完成基准平面创建，如图 4.42 所示。

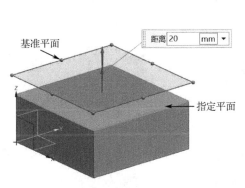

图 4.41 按某一距离创建基准平面

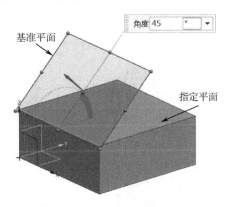

图 4.42 成一角度时创建基准平面

4. 二等分

指定两个平面创建基准平面，若两平面平行，则创建与两指定平面平行且等距的基准平面，如图 4.43（a）所示；若两平面相交，则创建两指定平面的角平分面，如图 4.43（b）所示。

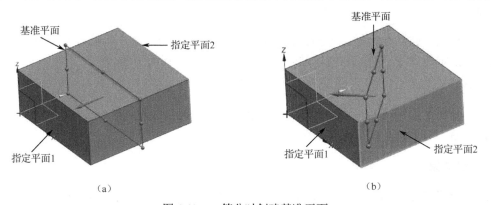

（a）   （b）

图 4.43 二等分时创建基准平面

5. 曲线和点

指定曲线或点创建基准面，创建时有曲线和点、一点、两点、三点、点和曲线/轴、点和平面/面 6 种子类型。

（1）曲线和点：根据所选对象的属性自动判断，由以下点、曲线方式中某种方式创建基准平面。

（2）一点：过指定点创建平行于坐标平面的基准平面，如果指定点为曲线或实体边缘上的点，如端点、中点等，则创建过该点且垂直于曲线或边缘的切线方向的基准平面，如图 4.44-①所示。

（3）两点：指定两个点，则以两点确定的方向为基准平面的法向矢量创建基准平面，如图 4.44-②所示。

（4）三点：以指定三点确定的平面创建基准平面，如图 4.44-③所示。

（5）点和曲线/轴：若指定的是点和直线，则创建以点和直线确定的平面为基准平面，如图 4.44-④所示；若指定的是点和平面曲线，则创建过点垂直于曲线所在的平面的基准平面，如图 4.44-⑤所示。

（6）点和平面/面：过指定点创建与指定平面平行的基准平面，如图 4.44-⑥所示。

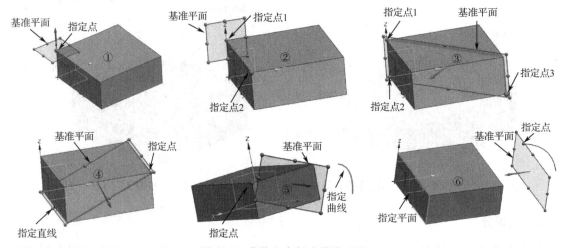

图 4.44　曲线和点创建基准平面

6．两直线

指定两直线创建基准平面，若指定两直线为同一平面上的直线，则创建与两直线共面的基准平面；若指定两直线异面，则创建过一直线与另一直线平行的平面。

7．相切

指定一圆柱面或圆锥面生成与之相切的基准平面。创建时有相切、一个面、通过点、通过线条、两个面、与平面成一角度 6 种子类型。

8．通过对象

指定一对象创建基准平面。若对象为一平面曲线，则以曲线所在平面为基准平面；若对象为平面，将该平面作为基准平面；若对象为回转面，则过其轴线生成基准平面。

9．点和方向

通过指定点作为基准平面的通过点，指定方向作为法向创建基准平面。

10．曲线上

指定曲线生成与曲线相关的基准平面。

11．YC-ZC 平面

生成与 YC-ZC 坐标面重合或平行的基准平面。

12．XC-ZC 平面

生成与 XC-ZC 坐标面重合或平行的基准平面。

13．XC-YC 平面

生成与 XC-YC 坐标面重合或平行的基准平面。

14．视图平面

创建当前视图平面为基准平面。

15．按系数

通过指定平面方程 $ax + by + cz = d$ 中的 a、b、c、d 四个系数创建基准平面。

4.4.2　基准轴

基准轴是一个方向矢量，在图形区域显示为一个带方向的箭头，可以作为回转体的轴线、圆形阵列的轴线、拉伸方向等参考。

单击"构造"工具条上的"基准轴"按钮 ，或选择菜单【插入】|【基准】|【基准轴】，弹出"基准轴"对话框，如图 4.45 所示。UG 软件提供了 9 种创建基准轴的方法，其含义如下。

图 4.45　"基准轴"对话框

1．自动判断

根据所选对象的属性自动判断，并用以下所述方法中的某一种方法创建基准轴。

2．交点

以两个面的交线作为基准轴，这两个面可以是实体表面的平面，也可以是已有的基准平面。

3．曲线/面轴

以线性边、曲线和曲面生成基准轴。

4．曲线上矢量

在已有曲线上选定一个点，以这一点为方向矢量起点，以指定方向为矢量方向创建基准轴，方位有相切、法向、副法向、垂直于对象、平行于对象 5 种方式。

5．XC 轴

沿工作坐标系中的 XC 轴创建基准轴。

6．YC 轴

沿工作坐标系中的 YC 轴创建基准轴。

7．ZC 轴

沿工作坐标系中的 ZC 轴创建基准轴。

8．点和方向

用指定点和指定方向创建基准轴，轴方向的指定有两种方式：垂直于矢量和平行于矢量。

9．两点

通过指定两个点创建基准轴。

4.5　布尔运算

在 UG 中各实体需要进行组合才能成为一个整体。零件往往是多个实体的组合，组合的途径就是使用布尔运算。布尔运算操作有合并、减去、求交 3 种类型，操作时要选择目标体和工具体，目标体只能有一个，它是生成组合体的基体，工具体可以有一个或多个实体。布尔运算也是一种特征操作，可在部件导航器中查找并进行编辑。

单击"基本"工具条上的布尔操作按钮 ，或选择菜单【插入】|【组合】中的各类子选项，弹出相应的布尔运算对话框。

4.5.1　合并

合并运算用于将两个或两个以上的实体结合成为一个实体，相当于加法。单击"基本"工具条上的合并按钮，或选择菜单【插入】|【组合】|【合并】，弹出"合并"对话框，如图 4.46 所示。合并操作的一般步骤如下。

（1）在"目标"区域选择目标实体。

（2）在"工具"区域选择一个或多个工具实体以修改选定的目标体。

（3）在"设置"区域可设置合并后是否保存目标和工具副本。

（4）单击"预览"复选框可在图形区域显示预览结果。

图 4.46　"合并"对话框

4.5.2　减去

布尔减去运算是用于从一个实体上切去一个或多个实体，使之成为一个新实体，相当于减法运算。单击"基本"工具条上的减去按钮，或选择菜单【插入】|【组合】|【减去】，弹出"减去"对话框，如图 4.47 所示。减去操作的步骤与合并相同，区别在于减去结果与

图 4.47　"减去"对话框

选择实体的次序有关，且目标体与工具体之间必须有公共的部分，体积不能为 0。

4.5.3 求交

求交运算是用于求实体间的交集，将实体重叠的部分作为新实体。单击"基本"工具条上的求交按钮 🔗，或选择菜单【插入】|【组合】|【求交】，弹出"求交"对话框，如图 4.48 所示。求交操作的步骤与减去操作相同。

图 4.48 "求交"对话框

4.6 特征操作

4.6.1 拔模

"拔模"命令用于根据指定方向对实体表面或边进行拔模。单击"基本"工具栏上的"拔模"按钮 🔗，或选择菜单【插入】|【细节特征】|【拔模】，弹出"拔模"对话框，如图 4.49 所示。该命令可以创建的拔模类型有：面、边、与面相切和分型边。

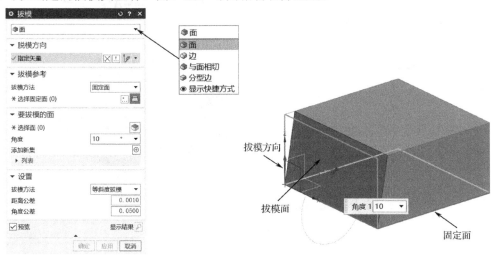

图 4.49 从面拔模

1. 面

从面拔模是系统默认的类型，操作步骤如下。

（1）在"脱模方向"区域选择拔模方向。

（2）在"拔模参考"区域选择拔模方法，系统给出了固定面、分型面、固定面和分型面 3 种选项。

（3）在"要拔模的面"区域选择面对象作为需要拔模的面，并设置拔模角度；当有多个面需拔模，且拔模角度不同时，可选择"添加新集"，并设置新拔模面和拔模角度。

（4）在"设置"区域可设置"等斜度拔模"或"真实拔模"两种拔模方法，并设置距离公差和角度公差值。

（5）单击"确定"按钮，即可完成拔模操作，如图 4.49 所示。

2．边

从边拔模步骤如下。

（1）在"拔模"对话框中拔模类型选择"边"选项，如图 4.50 所示。

（2）在"脱模方向"区域选择拔模方向。

（3）在"固定边"区域选择固定边缘，并设置拔模角度值，此时默认从边等角度拔模，如图 4.50-①所示。

（4）在"可变拔模点"区域可以设置固定边上不同点的拔模角，生成变拔模点效果，如图 4.50-②所示。

（5）在"设置"区域设置方法与"从面拔模"类似。

（6）单击"确定"按钮，完成拔模操作。

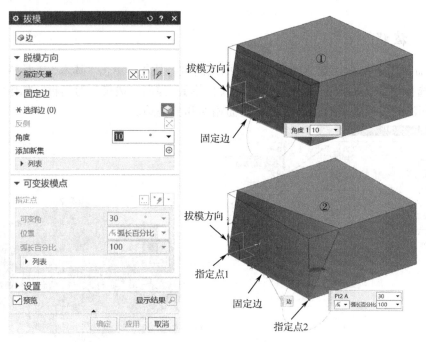

图 4.50　从边拔模

3．与面相切

与面相切拔模可以对在拔模方向上相切的面进行拔模而保持相切关系，操作步骤如下。

（1）在"拔模"对话框中拔模类型选择"与面相切"选项，如图 4.51 所示。

（2）在"脱模方向"区域选择拔模方向。

（3）在"相切面"区域选择一个或多个需要拔模的相切面，并输入拔模角度值。

（4）在"设置"区域设置距离公差和角度公差。

（5）单击"确定"按钮，完成与面相切拔模操作，如图 4.51 所示。

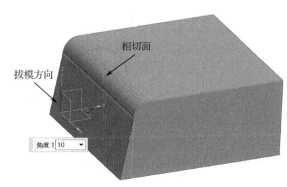

图 4.51　与面相切拔模

4．分型边

分型边方式拔模，是以已存在的分型线为界将面的一部分进行拔模，操作步骤如下。

（1）在"拔模"对话框中拔模类型选择"分型边"选项，如图 4.52 所示。

（2）在"脱模方向"区域选择拔模方向。

（3）在"固定平面"区域选择固定平面。

（4）在"Parting Edges"区域选择分型边缘，并输入拔模角度值。

（5）在"设置"区域设置距离公差和角度公差。

（6）单击"确定"按钮，完成至分型边拔模操作，如图 4.52 所示。

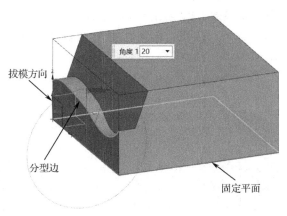

图 4.52　分型边拔模

4.6.2 边倒圆

图 4.53 "边倒圆"对话框

"边倒圆"命令用于在边线上创建圆角。单击"基本"工具栏上的"边倒圆"按钮 ◈，或选择菜单【插入】|【细节特征】|【边倒圆】，弹出"边倒圆"对话框，如图 4.53 所示。"边倒圆"命令可以创建固定半径的圆角或变半径的圆角。

1．固定半径圆角

系统默认的边倒圆方式为固定半径的圆角，操作时只需选择实体边线，设置半径即可。

2．变半径圆角

当需要设置变半径圆角时，在"变半径"区域"指定半径点"处选择边线上的某一点，并设置该点的半径值，可变半径点需两个以上，如图 4.54 所示。

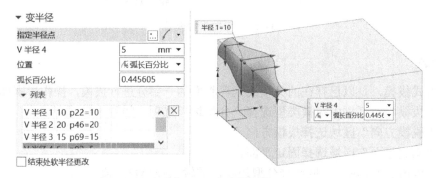

图 4.54 变半径圆角

3．拐角倒角

该操作用于在拐角处创建回切面，具体步骤如下。

（1）在"拐角倒角"区域指定"选择端点"项，单击角点。

（2）设置回切参数，指定端点倒角度数。

（3）单击"确定"按钮，即可在拐角处创建回切面。未创建拐角和创建拐角效果比较如图 4.55 所示。

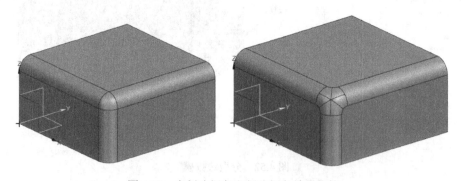

图 4.55 未创建拐角和创建拐角效果比较

4. 拐角突然停止

该操作用于对边线的局部创建圆角，具体步骤如下。

（1）选择边线。

（2）在"拐角突然停止"区域，单击"选择端点"项，选择已选定边线的终点。

（3）在参数区域设置停止位置参数。

（4）单击"确定"按钮，完成拐角突然停止操作，如图 4.56 所示。

图 4.56 拐角突然停止操作

4.6.3 倒斜角

"倒斜角"命令可在实体边缘上创建倒角。单击"基本"工具条上的"倒斜角"按钮●，或选择菜单【插入】|【细节特征】|【倒斜角】，弹出"倒斜角"对话框，如图 4.57 所示，操作步骤如下。

（1）在"边"区域选择创建倒角的实体边缘。

（2）选择"横截面"选项，系统中有"对称""非对称""偏置和角度"3 种选项，并设置斜角边的距离，3 种选项含义如图 4.58 所示。

（3）在"长度限制"区域可添加限制对象，有点、平面、面、边 4 种选项。

（4）在"设置"区域可设置公差和偏置法。

（5）单击"确定"按钮，完成倒斜角操作。

图 4.57 "倒斜角"对话框

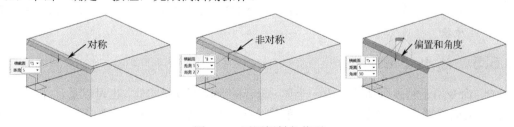

图 4.58 不同倒斜角截面

4.6.4 抽壳

"抽壳"命令用于按指定厚度将实体内部挖空，使之成为一个空心的薄壁实体。单击"基本"工具栏中的"抽壳"按钮，或选择菜单【插入】|【细节特征】|【抽壳】，弹出"抽壳"对话框，

如图 4.59 所示。抽壳类型包括"打开"和"封闭"两种方式。

1."打开"方式抽壳

（1）选择"打开"选项。

（2）在"面"区域选择要打开的面。

（3）在"厚度"区域输入壳的厚度值。

（4）若需要在某个或某些面设置不同的厚度，则在"交变厚度"区域选择相应面，并设置新的厚度值。

（5）单击"确定"按钮，完成抽壳操作。打开式和封闭式抽壳效果比较如图 4.60 所示。

2."封闭"方式抽壳

操作步骤与"打开"方式抽壳相似，区别在于步骤（2）中选择的是要抽壳的实体，其余各项相同。

图 4.59　"抽壳"对话框

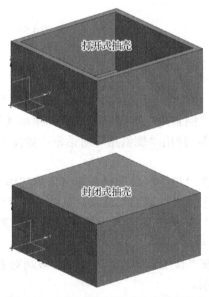

图 4.60　打开式和封闭式抽壳效果比较

 若抽壳厚度大于立体上两对面距离的 1/2，则将不会在两面间生成空腔，而是保持原状。

4.6.5　缝合

"缝合"命令用于将多个体缝合成一个体。缝合的对象可以是实体，也可以是片体。单击"基本"工具条上的"缝合"按钮 ，或选择菜单【插入】|【组合】|【缝合】，弹出"缝合"对话框，如图 4.61 所示。该操作可以对有公共边的片体或有公共面的实体进行缝合，具体步骤如下。

（1）在下拉列表中选择"片体"或"实体"。

（2）在"目标"区域选择目标片体或目标面，单击鼠标中键确认。

（3）在"工具"区域选择工具片体或工具面，单击鼠标中键确认。

（4）单击"确定"按钮，完成缝合操作。

⚠ 当缝合片体时，若片体完全闭合，则可将片体缝合成实体，如图 4.62 所示；当缝合实体时，可将多个实体缝合成一个实体，如图 4.63 所示。

若缝合片体间无公共边界或实体间无公共面，则会弹出错误消息框。

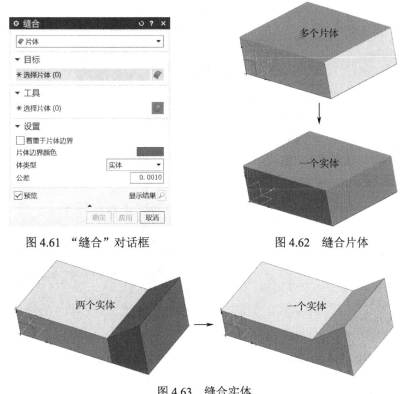

图 4.61 "缝合"对话框   图 4.62 缝合片体

图 4.63 缝合实体

4.6.6 修剪体和拆分体

"修剪体"命令用于将实体表面、基准平面或片体对目标实体进行修剪，"拆分体"命令用于将实体沿指定的面拆分为两个体。

1. 修剪体

单击"基本"工具栏上的"修剪体"按钮🔊，或选择菜单【插入】|【修剪】|【修剪体】，弹出"修剪体"对话框，如图 4.64 所示，修剪体操作步骤如下。

（1）在"目标"区域选择要修剪的目标体，单击鼠标中键确定。

（2）在"工具"区域选择工具面即裁剪面，若工具面需新建，在"工具选项"下拉列表框中选择"新平面"，可以新建一个平面作为工具面。

（3）单击"确定"按钮，完成修剪操作，如图 4.65 所示。

2. 拆分体

单击"基本"工具栏上的"拆分体"按钮🔘，或选择菜单【插入】|【修剪】|【拆分体】，弹出"拆分体"对话框，如图 4.66 所示，拆分体操作步骤如下。

（1）在"目标"区域选择要拆分的目标体，单击鼠标中键确定。

（2）在"工具"区域选择工具面即裁剪面，若工具面需新建，在"工具选项"下拉列表框中选择"新平面"，可以新建一个平面作为工具面。

（3）单击"确定"按钮，完成拆分操作，如图 4.67 所示。

图 4.64   "修剪体"对话框

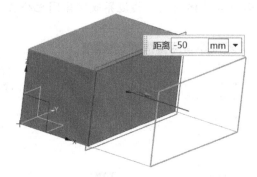

图 4.65   修剪体

图 4.66   "拆分体"对话框

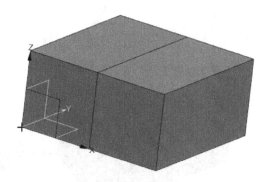

图 4.67   拆分体

4.6.7 镜像特征与镜像几何体

"镜像特征"命令可对实体上的某个或某几个特征以指定面作为对称面创建仍在该实体上的对称的新特征。"镜像几何体"命令则用于对实体本身以指定面作为对称面创建对称的新实体。

1. 镜像特征

单击"基本"工具条上的"镜像特征"按钮 🐾，或选择菜单【插入】|【关联复制】|【镜像特征】，弹出"镜像特征"对话框，如图 4.68 所示。镜像特征操作步骤如下。

（1）在"要镜像的特征"区域选择要镜像的特征，可以是一个或多个，单击鼠标中键确认。

（2）在"镜像平面"区域选择镜像平面。若镜像平面已存在，可直接选取现有实体表面或基准平面；若无镜像平面，则在"平面"下拉列表中选择"新平面"选项，创建新平面作为镜像平面。

（3）单击"确定"按钮，完成镜像特征操作，效果如图 4.69 所示。

2. 镜像几何体

单击"基本"工具条上的"镜像几何体"按钮 🖼️，或选择菜单【插入】|【关联复制】|【镜像几何体】，弹出"镜像几何体"对话框，如图 4.70 所示。操作步骤与镜像特征步骤相同。

    "镜像几何体"和"镜像特征"区别在于"镜像几何体"对话框中不能创建新平面，需要用现有平面或基准平面作为镜像平面。

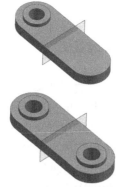

图 4.68　"镜像特征"对话框　　　图 4.69　镜像特征操作效果　　　图 4.70　"镜像几何体"对话框

4.6.8　阵列特征

"阵列特征"命令用于复制所选的特征，并按一定的规律进行排列，对于创建具有规律分布的相同特征而言，可以大大提高设计效率。单击"基本"工具条上的"阵列特征"按钮✦，或选择菜单【插入】|【关联复制】|【阵列特征】，弹出"阵列特征"对话框，如图 4.71 所示。阵列特征的布局有线性、圆形、多边形、螺旋、沿、常规、参考 7 种方式。

1．线性阵列

线性阵列是使用一个或两个线性方向定义布局，操作步骤如下。

（1）在"要形成阵列的特征"区域选择要阵列的特征，可以是一个或多个，单击鼠标中键确认。

（2）在"阵列定义"区域的"布局"列表中选择"线性"。

（3）在"边界定义"区域选择阵列矢量方向，可以选择一个方向，也可以同时选择两个方向，在各个方向上设置间距参数。

（4）单击"显示结果"预览阵列效果，若达到要求，单击"确定"按钮，完成线性阵列特征操作，如图 4.72 所示。

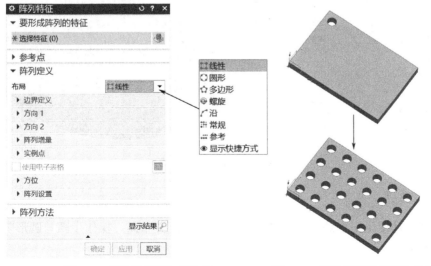

图 4.71　"阵列特征"对话框　　　　　图 4.72　线性阵列特征操作效果

图 4.73　圆形阵列参数定义

2．圆形阵列

圆形阵列是使用旋转轴和可选的径向间距参数定义布局，操作步骤如下。

（1）在"要形成阵列的特征"区域选择要阵列的特征，可以是一个或多个，单击鼠标中键确认。

（2）在"阵列定义"区域的"布局"列表中选择"圆形"，并定义阵列参数，如图 4.73 所示。

（3）在"旋转轴"区域旋转旋转轴的矢量方向和旋转中心点，设置"斜角方向"的间距参数，可创建一组绕指定轴分布的相同特征；在"辐射"区域可以创建与上述阵列特征同心的特征，如图 4.74 所示。

（4）单击"显示结果"预览阵列效果，若达到要求，单击"确定"按钮，完成圆形阵列特征操作。

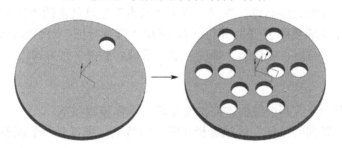

图 4.74　圆形阵列特征操作效果

3．螺旋阵列

螺旋阵列是使用螺旋路径定义布局，操作与圆形阵列相似，其参数定义如图 4.75 所示。

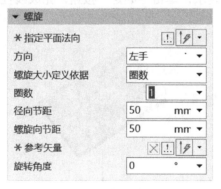

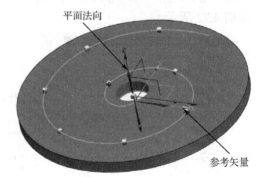

图 4.75　螺旋阵列参数定义

4．多边形阵列

多边形阵列是使用正多边形可选的径向间距参数定义布局，操作步骤与圆形阵列相似，效果如图 4.76 所示。

5．沿阵列

沿阵列是定义一个布局，该布局遵循一个连续曲线链和可选的第二曲线或矢量，操作与圆形阵列相似，其效果如图 4.77 所示。

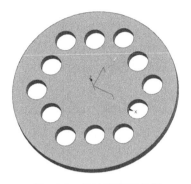

图 4.76　多边形阵列效果

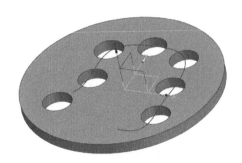

图 4.77　沿阵列效果

6．常规阵列

使用按一个或多个目标点或者以坐标系定义的位置来定义布局。

7．参考阵列

使用现有阵列的定义来定义布局。

4.7　同步建模简介

同步建模技术可以修改模型，而不用考虑其来源、相关性和特征历史。模型可以是从其他软件系统导入的、非关联的和无特征的。通常用于以下两种情况。

（1）编辑从其他 CAD 系统导入的、没有特征历史或参数的模型。

（2）编辑时不愿因编辑某个特征而产生与其有关联性的其他特征的更改。

同步建模工具条如图 4.78 所示，可进行移动面、拉出面、删除面、替换面、偏置面等编辑面操作，也可以进行复制面、剪切面、镜像面、阵列面等重用面的操作，还可以对圆角、倒角进行修改等操作。

图 4.78　同步建模工具条

4.8　操作实例

创建如图 4.79 所示的零件。该零件的结构有拉伸体、圆孔、凸台、筋板、圆角等，可先将零件主体拉伸出来，再生成孔、凸台、筋板等结构，最后完成细节部分，操作步骤如下。

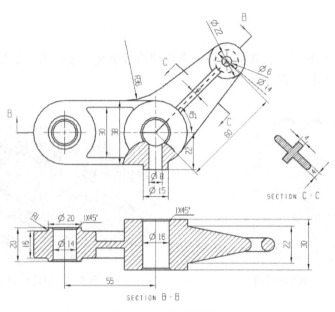

图 4.79　零件结构图

（1）新建部件文件。

单击"新建"按钮，选择模板为"模型"，单位选择"毫米"，设置文件名和保存路径，单击"确定"按钮。

（2）绘制零件草图轮廓。

草图绘制方法可参考第 3 章内容，绘制出零件轮廓草图，如图 4.80 所示。

（3）零件主体拉伸。

对零件轮廓草图进行多次拉伸操作：

① 单击"拉伸"按钮 🏠，选择"区域边界曲线"，选择如图 4.81-①所示的区域作为截面，"宽度"区域选择"对称值"，距离输入 16，布尔选择"无"，单击"应用"按钮。

② 截面选择中间直径为 38 的圆，"宽度"区域选择"对称值"，距离输入 30，布尔选择"合并"，选择体为默认体，单击"应用"按钮。

③ 截面选择如图 4.81-②所示区域，"宽度"区域选择"对称值"，距离输入 4，布尔选择"合并"，选择体为默认体，单击"应用"按钮。

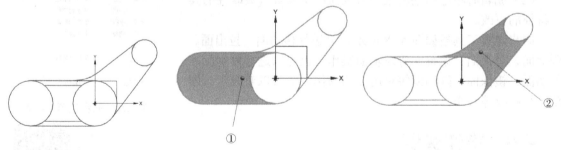

图 4.80　零件轮廓草图　　　　　　　　　　　　图 4.81　拉伸截面

④ 截面选择右上直径为 22 的圆，"宽度"区域选择"对称值"，距离输入（22-6）/2（或直接输入 8），布尔选择"合并"，选择体为默认体，单击"确定"按钮。

⑤ 单击"菜单"按钮 ☰，选择【插入】|【设计特征】|【圆柱】，在弹出如图 4.82 所示的"圆

柱"对话框中,单击"点"对话框按钮 ⬚ ,在弹出如图 4.83 所示的对话框中 XC 输入"-55",ZC 输入"-10",偏置选项选择"无",单击"确定"按钮;在"圆柱"对话框中输入直径 20,高度 20,布尔选择"合并",选择体为"默认体",单击"确定"按钮,完成主体建模,效果如图 4.84 所示。

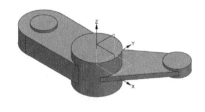

图 4.82　"圆柱"对话框　　　　图 4.83　"点"对话框　　　　图 4.84　零件主体建模

(4)通孔建模。

单击"孔"按钮 🔩 ,在弹出的"孔"对话框中,选择"简单孔",孔大小选择"定制",孔径输入 14,孔的位置选择最左边圆的圆心,孔方向选择"垂直于面",深度限制选择"贯通体",布尔选择"减去",单击"应用"按钮;重复上述操作,选择在中间圆的圆心处创建孔,孔的直径为 16;最后在最右边圆的圆心处创建直径为 6 的孔,即可完成通孔建模,效果如图 4.85 所示。

(5)倒斜角。

单击"倒斜角"按钮 ◈ ,在弹出的"倒斜角"对话框中,在"选择边"区域选择如图 4.86(a)所示的边,在"横截面"区域选择"对称",距离选择"2",单击"确定"按钮,倒斜角效果如图 4.86(b)所示。

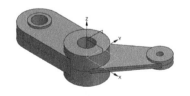
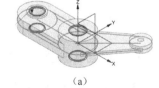
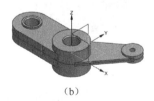

(a)　　　　　　　　　(b)

图 4.85　创建通孔　　　　　　　　图 4.86　倒斜角

(6)绘制左半部分细节。

单击"拉伸"按钮 🔷 ,选择"区域边界曲线",并在"部件导航器"中单击"隐藏"按钮 👁 隐藏已绘制的实体,选择如图 4.87(a)所示的区域作为截面,起始选择"值",距离输入 2,终止选择"值",距离输入 8,布尔选择"无",单击"显示"按钮 👁 ,选择已绘制的实体,单击"确定"按钮,完成单边拉伸操作;另一边的凹槽,采用"镜像特征"命令完成,单击"镜像特征"按钮 🔷 ,在弹出的对话框中"要镜像的特征"区域选择上一步拉伸的实体,平面选择"现有平面",在"选择平面"区域选择 CX-CY 平面,单击"确定"按钮,完成两侧凹槽的创建,如图 4.87(b)所示。

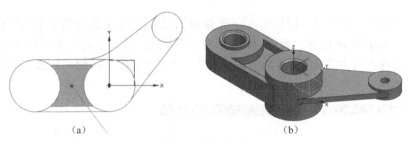

（a）　　　　　　　　　　　（b）

图 4.87　创建凹槽

（7）绘制凸台。

① 新建草图在 CX-CZ 平面以原点为圆心绘制直径为 15 的圆，选择菜单【插入】|【设计特征】|【凸起】，在弹出的"凸起"对话框中，截面选择直径为 15 的圆，要凸起的面选择中间圆柱的侧面，"端盖"区域中几何体选择"凸起的面"，位置选择"偏置"，距离输入 22-38/2（或直接输入 3），拔模选择"无"，单击"应用"按钮。

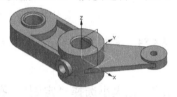

图 4.88　凸台部分

② 单击"孔"按钮，在弹出的"孔"对话框中选择简单类型孔，孔大小选择"定制"，孔径输入 8，位置选择刚绘制的圆的圆心处，方向选择"沿矢量"（若方向相反则单击"反向"按钮），"限制"区域的"深度限制"选择"贯通体"，布尔选择"减去"，单击"确定"按钮，完成凸台部分的特征创建，如图 4.88 所示。

（8）创建筋板。

① 创建基准平面。单击"基准平面"按钮，在弹出的"基准平面"对话框中选择二等分，选择左侧中间部分的侧面，单击"确定"按钮，创建如图 4.89（a）所示的平面。

② 新建草图。选择新建的平面作为草图平面，绘制如图 4.89（b）所示的草图。

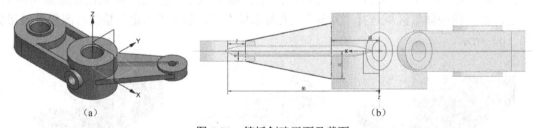

（a）　　　　　　　　　　　（b）

图 4.89　筋板创建平面及截面

③ 创建筋板。选择菜单【插入】|【设计特征】|【筋板】，在弹出的"筋板"对话框中选择实体作为目标，"截面"选择上述草图的一条直线，"壁"选择"平行于剖切面"，"维度"选择"对称"，厚度输入"4"，勾选"合并筋板和目标"，单击"应用"按钮；重复上述操作，选择另一条直线创建筋板，效果如图 4.90 所示。

（9）创建圆角。

单击"边倒圆"按钮，在弹出的"边倒圆"对话框中，选择图 4.91（a）所示的几个边，形状选择"圆形"，半径输入 1，单击"应用"按钮；选择图 4.91（b）所示的几个边，将半径改为 2，单击"应用"按钮；选择图 4.91（c）所示的几个边，将半径改为 4，单击"应用"按钮；选择图 4.91（d）所示的几个边，将半径改为 4，单击"确定"按钮，完成零件上的圆角创建，如图 4.91（e）所示。

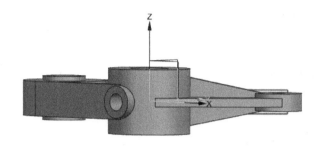

图 4.90 创建筋板

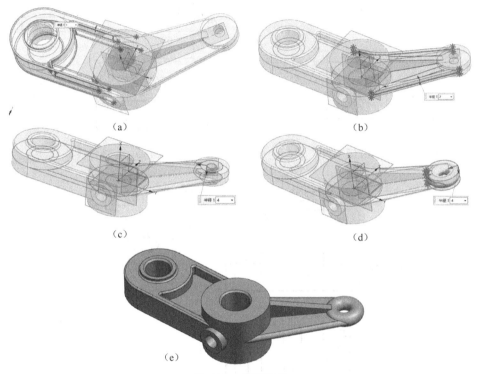

（a） （b）

（c） （d）

（e）

图 4.91 创建圆角

（10）文件保存。

单击"保存"按钮 📇，将部件保存。

创建零件的方法多种多样，以上为创建该零件的一种方法，读者可以用其他方法来创建该零件。

思考题与操作题

4-1 思考题

4-1.1 什么是特征？常用特征工具有哪些？

4-1.2 成型特征有哪些？其是否能独立使用？

4-1.3 详细螺纹与符号螺纹的区别在哪里？

4-1.4　镜像几何体与镜像特征的区别在哪里？

4-2　操作题

4-2.1　试根据实体建模特征命令，完成以下实体建模（图 4.92～图 4.97）。

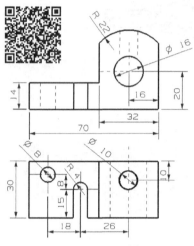

图 4.92　实体建模 1

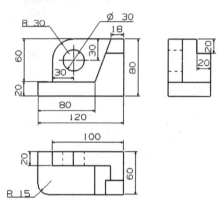

图 4.93　实体建模 2

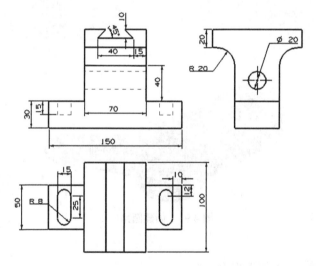

图 4.94　实体建模 3

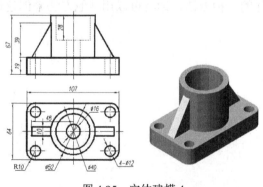

图 4.95　实体建模 4

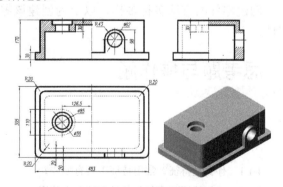

图 4.96　实体建模 5

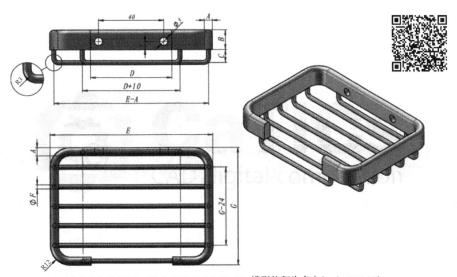

A=6.6, B=16, C=12, D=64, E=136, F=3.8, G=96, 模型体积为多少？ （46656.39）

图 4.97　实体建模 6

第5章

装 配 设 计

　　装配设计是将产品各个部件进行组织和定位操作的一个过程。通过装配操作，用户可以在计算机上完成虚拟装配，从而形成产品的一个部件的结构，并对结构进行干涉检查、生成爆炸图和序列动画等。在 UG NX1980 中提供了专门的装配设计模块来实现这部分功能。

　　本章将介绍 UG NX1980 装配模块中各种操作命令的使用方法、装配结构与建模方法、装配约束、爆炸图、序列动画及装配查询与分析，使用户能够掌握装配操作的主要功能，完成一个完整的虚拟装配过程。

5.1　装配结构与方法

　　装配设计是在装配模块中完成的，单击"主页"选项卡中的"装配"按钮选项可以进入装配模块；或当新建文件时，在"新建"对话框的"模板"区域中选择"装配"选项来新建文件，直接进入装配模块。在"装配"选项卡中，包含了与装配相关的命令。

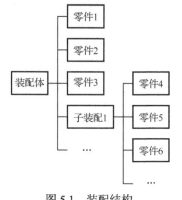

图 5.1　装配结构

5.1.1　装配结构

　　在装配好的产品中，各个部件形成了一定的关系层次，每个部件都有它自身所处的一个层次及位置，如图 5.1 所示。

1. 装配体和子装配

　　把单个零件通过约束的方式组装起来成为一个具有一定功能的部件或产品的过程称为装配，得到的模型称为装配体。

　　而装配中用作组件的装配体被称为子装配。如图 5.1 所示，在装配体结构树中就存在一个子装配，这个子装配由若干个零件装配而成。

　装配中的零件在装配时仅是引用和链接零件的映像，并非将零件复制到装配体中，因此，若被引用的零件模型文件移动了保存位置或更改了文件名或被删除，则装配模型文件中该零件显示为空。

2．组件

组件是指处于装配体结构中某一特定位置的一部分，可以是单个的零件，也可以是包含其他组件的子装配体。每一个组件只包含一个指针指向零件，当零件的几何特征发生变化时，由于组件的指针指向该零件，组件的形状也会反映这一变化，装配体中该零件自动发生改变。

3．主模型

在装配中被引用的零件就是主模型。主模型不仅可以在装配中引用，还可以在制图模块、分析模块、编程模块中被引用，是各个模块公共调用和引用的模型。当主模型改变后，引用它的其他模块的模型也会发生相应的变化。

4．上下文设计

在装配模块中，对装配组件中的零件模型进行设计和编辑的方法被称为上下文设计。

5．显示部件和工作部件

显示部件是指当前显示在图形区域的部件，而工作部件是指正在设计的可编辑的部件。

5.1.2　装配建模方法

UG NX 1980 支持以下 3 种装配建模方法。

1．自底向上装配

自底向上装配时，先设计好装配体中的所有零部件，再将零部件添加到装配体中，这种设计方法与现实生产中先生产零件最后对零件进行装配的方法一致，可以看作对装配生产的模拟，比较符合装配设计工程师的设计习惯。

2．自顶向下装配

自顶向下装配时，先创建装配体文件，从装配体的总体出发，在装配体文件中创建组件。在设计过程中，可以直接在装配体中新建一个组件，参照其他组件对其进行设计，即上下文设计；也可以根据其他零件对已有的工作部件进行编辑。

3．混合装配

自底向上装配及自顶向下装配各有优势，在实际的装配设计中往往将两种方法结合使用，即混合装配。

5.1.3　添加组件

在进行自底向上的装配设计时，需要将已设计好的组件添加到装配体中来，并指定约束关系以定位。单击"装配"选项卡中的"添加组件"按钮 ，或选择菜单【装配】|【组件】|【添加组件】，打开"添加组件"对话框，如图 5.2 所示。

添加组件的基本步骤如下。

（1）选择要添加的部件。若部件已加载，则可以在"已加载的部件"列表中选择；也可以单击"打开"按钮 ，在弹出的"部件名"对话框中单击要添加的部件，并单击"确定"按钮。

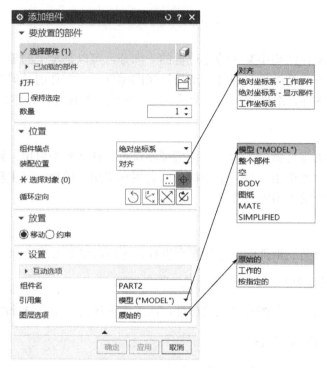

图 5.2 "添加组件"对话框

（2）选择放置的位置。系统提供了 4 种装配位置：对齐、绝对坐标系-工作部件、绝对坐标系-显示部件、工作坐标系。"对齐"通过选择位置来定义坐标系，"绝对坐标系-工作部件"将组件放置于当前工作部件的绝对原点，"绝对坐标系-显示部件"将组件放置于显示装配的绝对原点，"工作坐标系"将组件放置于工作坐标系。

（3）选择放置的方式。"移动"是让部件在装配体中位置不固定，"约束"是将部件与装配体上已有部件通过指定约束的方式定位。

（4）在"设置"区域选择"引用集""图层选项"。"引用集"是被添加组件在引用时的集合，可选择模型、整个部件、空及组件文件中定义过的其他引用集。"图层选项"可以选择原始的、工作的或按指定的图层进行引用。

（5）单击"确定"按钮，完成组件的添加。

 在添加组件时，注意不能添加引用过本装配体的组件，即不能循环引用组件。

5.1.4 新建组件

使用自顶向下装配设计方法时，需要在装配体文件中创建新的组件文件，新建组件步骤如下。

（1）单击"装配"选项卡中的"新建组件"按钮 ，或选择菜单【装配】|【组件】|【新建组件】，弹出如图 5.3 所示的"新建组件"对话框。

（2）选择要创建到新组件的模型对象，若要创建空组件，则不选择任何对象。

图 5.3 "新建组件"对话框

（3）在"设置"区域，指定组件名、引用集和图层选项等，设置是否删除已选定的原模型对象。

（4）单击"确定"按钮，完成新组件的创建。

5.1.5 阵列组件

在 UG NX 1980 中，创建阵列组件工具可以将组件以阵列方式复制到装配体中并进行装配。单击"装配"选项卡中的"阵列组件"按钮，或选择菜单【装配】|【组件】|【阵列组件】，弹出"阵列组件"对话框，如图 5.4 所示；创建阵列的布局方式有 3 种：参考、线性和圆形。

图 5.4 "阵列组件"对话框

1. 参考

当与被装配的零件有约束关系的部件上存在阵列特征时，可以使用"参考"方式直接复制被装配的零件，操作方法如下。

（1）单击"阵列组件"按钮，弹出"阵列组件"对话框。

（2）选择要阵列的组件。

（3）选择"参考"布局形式定义阵列，然后选择合适的阵列和基本实例手柄，单击"确定"按钮，完成阵列组件的创建。

如图 5.5 所示，零件 1 上的孔是由特征 1 通过实例特征复制出来的，而零件 2 在装配时与特征 1 的表面有约束关系。选择零件 2 作为要形成阵列的组件，选择特征 1 作为参考阵列，单击"确定"按钮，完成阵列组件的创建。

2. 线性

线性阵列可以将组件进行线性复制，复制出的组件与装配体中的其他组件无任何约束关系，操作方法如下。

（1）单击"阵列组件"按钮，弹出"阵列组件"对话框。

（2）单击选择要阵列的组件。

（3）选择"线性"布局形式定义阵列，如图 5.6 所示。对方向 1 指定矢量，设定间距类型、数量、间隔和是否对称，单击"使用方向 2"复选框还可以对方向 2 的阵列参数进行相关设定，单击"确定"按钮，完成阵列组件的创建。

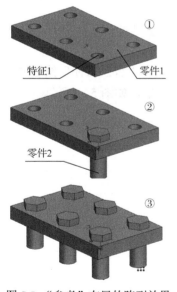

图 5.5 "参考"布局的阵列效果

3. 圆形

圆形阵列可以将组件进行环形复制，复制出的组件与装配体中的其他组件无任何约束关系，操作方法如下。

（1）单击"阵列组件"按钮，弹出"阵列组件"对话框。

（2）单击选择要阵列的组件。

（3）选择"圆形"布局形式定义阵列，如图 5.7 所示。设置旋转轴的指定矢量和指定点，设置斜角方向的间距类型、数量和间隔角，单击"确定"按钮，完成阵列组件的创建。

图 5.6　创建"线性"布局的阵列组件　　　　图 5.7　创建"圆形"布局的阵列组件

5.1.6　替换组件

在 UG NX 1980 中，替换组件工具可以用一个组件来替换已添加到装配体中的另一个组件，操作步骤如下。

（1）单击"装配"选项卡"组件"组中的"更多"下拉菜单，选中"替换组件"按钮 ，或选择菜单【装配】|【组件】|【替换组件】，弹出"替换组件"对话框，如图 5.8 所示。

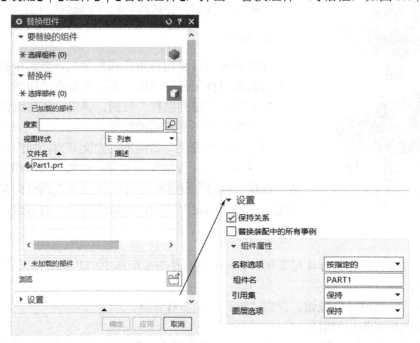

图 5.8　"替换组件"对话框

（2）选择要被替换的组件，可以从图形窗口中选择或从装配导航器中选择，单击鼠标中键确认。

（3）选择要替换的组件，可以从"已加载的部件"列表、"未加载的部件"列表或通过单击浏览按钮进行选择。

（4）在"设置"区域，对名称选项、组件名、引用集、图层选项等进行设置，并且可以设置"保持关系""替换装配中的所有事例"两个复选框。

（5）单击"确定"按钮，完成替换组件操作。

 当在"设置"区域选中了"保持关系"复选框时，若被替换组件与替换组件之间无关联，则系统会弹出"警报"提示框，如图 5.9 所示。

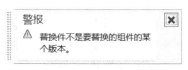

图 5.9 "警报"提示框

5.1.7 移动组件

在 UG NX 1980 中，移动组件工具可以用于未定位的组件，操作步骤如下。

（1）单击"装配"选项卡中的"移动组件"按钮 ，或选择菜单【装配】|【组件位置】|【移动组件】，弹出"移动组件"对话框，如图 5.10 所示。

图 5.10 "移动组件"对话框

（2）选择要移动的组件，可以从图形窗口选择或从装配导航器中选择，单击鼠标中键确认。

（3）选择变换运动的方式：距离、角度、点到点、根据三点旋转、将轴与矢量对齐、坐标系到坐标系、动态、根据约束、增量 XYZ、投影距离等。

（4）选择复制模式：不复制、复制、手动复制。

（5）单击"确定"按钮，完成移动组件操作。

 当被移动组件已经通过装配约束使其位置完全固定时，将无法移动其位置；若与之有装配关系的组件位置并没有完全固定，则可以共同移动。

5.1.8　装配导航器

装配导航器在一个单独的窗口中以图形化的方式来显示当前装配体中所有组件的结构，同时提供了在装配环境中快速并且简单的组件的修改方法。图 5.11 所示的是一个装配体的装配导航器，其中图标说明如下。

表示装配体，双击可将其设置为当前部件。

表示部件，双击可将其设置为当前部件。

表示该装配体已经展开，单击可将装配体组件折叠。

表示该装配体已经折叠，单击可将装配体组件展开。

表示组件已加载，单击可隐藏组件。

表示组件已加载且被隐藏。

表示组件可读/写。

表示组件被抑制。

表示组件完全约束。

表示组件部分约束。

表示组件未约束。

表示组件有修改。

装配导航器还可以方便用户完成一些常用操作。当右击部件名时，会弹出如图 5.12 所示的快捷菜单，从而可以完成相应的操作。

图 5.11　装配导航器　　　　　　　　　　　　图 5.12　装配导航器快捷菜单

5.2　约束

在进行组件的装配时，需要对组件在装配体中的位置进行确定。UG NX 1980 中是通过装配约束来完成的。装配约束是在各个零件之间建立一定的连接关系，并对其相互位置进行约束，从而确定各个零件在空间的相对位置关系，在"约束导航器"中可以看到添加的所有装配约束。添加装配约束后，组件的自由度将减少，在装配导航器中右击要查看的组件，在快捷菜单中选择"显示自由度"选项，可以查看组件的自由度。

图 5.13　"装配约束"对话框

添加装配约束的方法如下。

（1）单击"装配"选项卡中的"装配约束"按钮 ，或选择菜单【装配】|【组件位置】|【装配约束】，弹出"装配约束"对话框，如图 5.13 所示。

（2）在"类型"区域中选择约束类型，UG NX 1980 提供了 11 种约束方式。

（3）在"要约束的几何体"区域设置约束对象。

（4）单击"确定"按钮或"应用"按钮，完成约束。

> ⚠ 在两个组件中进行装配时，先选择几何对象的组件为基准件，后选择的是装配件，建立装配约束关系时，基准件的位置不变，而装配件根据装配关系调整位置；一般在两个组件中建立多个装配约束时，始终以同一组件为基准件，另一组件为装配件。

5.2.1　接触对齐

接触对齐约束，可以使两组件上的几何元素接触或对齐。当在"装配约束"对话框中选择了"接触对齐"后，在"要约束的几何体"区域的"方位"下拉列表中可以选择对齐方式，有以下几种。

1．首选接触

系统根据所选的两个几何元素自动选择一种接触对齐方式。

2．接触约束

使选择的两个面对象面对面地接触，同时两个面的法向矢量相对，如图 5.14 所示；若选择的对象为一个面和一条线，则将移动零件使线与面接触；若选择的是两条曲线，则使它们共面；若选择的是两条直线，则使它们共线。

3．对齐约束

使选择的两个面对象向同一侧对齐，同时两个面的法向矢量同向，如图 5.15 所示。

4．自动判断中心/轴

使选择的两个面有共同的中心或轴，如图 5.16 所示。当选择的对象为两个回转面时，两个面的轴线将共线；当选择的对象为一平面和一回转面时，回转面的轴线将移动至平面内；当选择的是两平面时，两个面将共面。

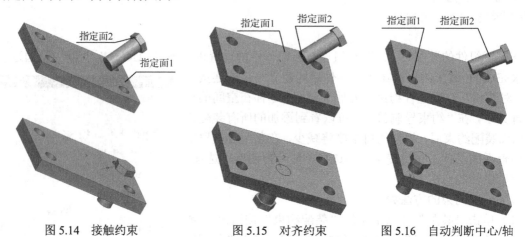

图 5.14　接触约束　　　　图 5.15　对齐约束　　　　图 5.16　自动判断中心/轴

5.2.2　同心

同心约束可以使两组件上的两个圆对象同心位置处于同一平面上。操作时，在"装配约束"对话框中选择"同心"，如图 5.17 所示，在两个组件上选择两个圆对象，单击"确定"按钮或"应用"按钮完成操作，效果如图 5.18 所示。

　同心约束的两个圆对象无直径要求，直径相等或不相等均可。若同心约束后，组件的方位不合要求，可以单击"撤销上一个约束"按钮　，以调整组件装配方位。

图 5.17　"同心"约束对话框

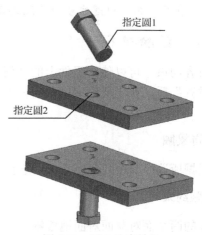

图 5.18　同心约束效果

5.2.3　距离

距离约束可以使两组件上的指定对象以一定距离放置。操作时，在"装配约束"对话框中选择"距离"，如图 5.19 所示。在两个组件上选择两对象，单击"确定"按钮或"应用"按钮完成操作，效果如图 5.20 所示。若被选择的两个对象均为平面，则它们将处于平行位置并以指定距离放置；若被选择对象中有回转面，将以回转面的轴线来测定距离。

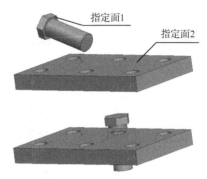

图 5.19　"距离"约束对话框　　　　　　图 5.20　距离约束效果

5.2.4　平行

平行约束可以使两组件上的指定对象的方向矢量平行放置。操作时，在"装配约束"对话框中选择"平行"，在两个组件上选择两对象，单击"确定"按钮或"应用"按钮完成操作，效果如图 5.21 所示。若被选择对象中有回转面，将以回转面的轴线作为平行对象。

5.2.5　垂直

垂直约束可以使两组件上的指定对象的方向矢量垂直放置。操作时，在"装配约束"对话框中选择"垂直"，在两个组件上选择两对象，单击"确定"按钮或"应用"按钮完成操作，效果如图 5.22 所示。若被选择对象中有回转面，同样将以回转面的轴线作为垂直对象。

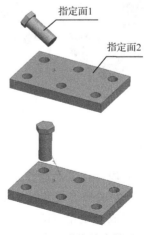

图 5.21　平行约束效果　　　　　　　　图 5.22　垂直约束效果

5.2.6　中心

图 5.23　"中心"约束对话框

中心约束可以使两组件上的多个指定对象中心对中心进行放置。操作时，在"装配约束"对话框中选择"中心"，如图 5.23 所示；在"要约束的几何体"区域，选择中心约束的子类型，指定中心对齐的对象，单击"确定"按钮或"应用"按钮完成操作。3 种中心对齐含义如下。

1. 1 对 2

将装配组件上的一个指定对象与基准组件上的两个对象的中心对齐，如图 5.24-①所示。在选择装配组件上的对象时，在"要约束的几何体"区域选择子类型"1 对 2"，在"轴向几何体"下拉列表中指定目标对象的类型：使用几何体、自动判断中心/轴。"使用几何体"方式将直接使用所选中的目标对象，"自动判断中心/轴"方式将以选中对象的中心或轴为最终选定的目标对象。

2. 2 对 1

将组件上的两个指定对象的中心与另一组件上的一个对象对齐，如图 5.24-②所示。在选择基准组件上的对象时，也可以选择指定的目标对象：使用几何体、自动判断中心/轴。

3. 2 对 2

将组件上的两个指定对象的中心与另一组件上的两个对象的中心对齐，如图 5.24-③所示。

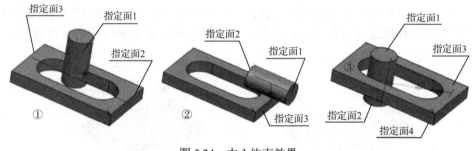

图 5.24　中心约束效果

5.2.7　角度

角度约束可以使两组件上的两个指定对象的方向或方向矢量以一定的角度放置。操作时，在"装配约束"对话框中选择"角度"，如图 5.25 所示；在"要约束的几何体"区域，选择角度约束的子类型，指定要成一定角度的对象，在"角度"区域指定角度值，单击"确定"按钮或"应用"按钮完成操作，如图 5.26 所示。

图 5.25 "角度"约束对话框

图 5.26 角度约束效果

5.3 爆炸图

装配完成后，为了将各装配组件之间的相互位置关系表达清楚，还需要创建爆炸图。爆炸图是将装配体中的组件按装配体中的拆卸方向将其拉离，以表达组件装配关系的视图。在装配选项卡中单击"爆炸"按钮，或选择菜单【装配】|【爆炸】，可对爆炸图进行相关操作。

5.3.1 新建爆炸

新建爆炸的操作步骤如下。

（1）单击装配选项卡中的"爆炸"按钮，或选择菜单【装配】|【爆炸】，弹出如图 5.27 所示的"爆炸"对话框。

（2）在"爆炸"对话框中，单击"新建爆炸"按钮，弹出如图 5.28 所示的"编辑爆炸"对话框。

图 5.27 "爆炸"对话框

图 5.28 "编辑爆炸"对话框

（3）选择要爆炸的组件，然后在"移动组件"区域选择爆炸类型，当爆炸类型选择为"自动"时，需要输入"自动爆炸距离"，然后单击"自动爆炸"按钮，图形窗口中自动爆炸所选组件；当爆炸类型选择为"手动"时，需要通过"操控器"设置"指定方位"。

（4）单击"确定"按钮或"应用"按钮完成操作。

5.3.2　编辑爆炸

编辑爆炸可对创建过爆炸的组件的爆炸位置进行改变，操作步骤如下。

（1）单击装配选项卡中的"爆炸"按钮，或选择菜单【装配】|【爆炸】，弹出"爆炸"对话框。

（2）在"爆炸"对话框中，选择区域列表中所要编辑的爆炸图。

（3）单击"编辑爆炸"按钮，弹出如图 5.28 所示的"编辑爆炸"对话框。

（4）选择要爆炸的组件，然后在"移动组件"区域选择爆炸类型，并设置相关参数；此外还可以对"编辑爆炸状态"区域中的"取消爆炸所选项""全部取消"以及"原始位置"进行相关选择。

（5）单击"确定"按钮或"应用"按钮完成操作。

5.3.3　删除爆炸

删除爆炸可删除创建的爆炸图，操作步骤如下。

（1）单击装配选项卡中的"爆炸"按钮，或选择菜单【装配】|【爆炸】，弹出"爆炸"对话框。

（2）在"爆炸"对话框中，选择区域列表中所要删除的爆炸图。

（3）单击"删除爆炸"按钮，即可将所选择的爆炸图删除。

5.4　序列动画

通过使用序列动画相关命令，可以对显示装配的组件实现装配和拆卸仿真，这样能够更加清楚地展现各组件之间装配和拆卸的顺序。在装配选项卡中单击"序列"按钮，或选择菜单【装配】|【序列】，可对序列动画进行相关操作。

5.4.1　抑制装配约束

在创建序列动画之前需要将装配图中的约束进行抑制，操作步骤如下。

打开"约束导航器"，将所有约束复选框中的"对钩"通过单击取消，或者右击约束后在弹出的快捷菜单中选择"抑制"选项，将所有约束全部进行抑制处理，如图 5.29 所示。

图 5.29　约束导航器

5.4.2　新建装配序列

新建装配序列的操作步骤如下。

（1）在装配选项卡中单击"序列"按钮 ⬚，或选择菜单【装配】|【序列】，打开"装配序列"任务环境。

（2）在"装配序列"任务环境中，单击"新建"按钮 ⬚，完成一个装配序列的创建。

5.4.3　插入运动步骤

插入运动步骤的操作如下。

（1）在"序列步骤"组中单击"插入运动"按钮 ⬚，或选择菜单【插入】|【运动】，弹出"录制组件运动"工具条，如图 5.30 所示。

图 5.30　"录制组件运动"工具条

（2）单击选择需要运动的对象，完成后单击鼠标中键。

（3）通过"操控器"对选择的对象进行移动或旋转至指定位置，效果如图 5.31 所示，完成后单击鼠标中键。

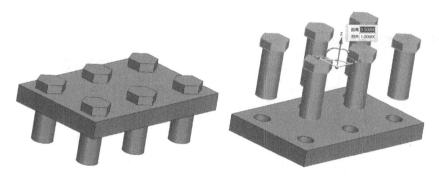

图 5.31　插入运动效果

（4）重复以上步骤，当完成所有运动的插入后，关闭"录制组件运动"工具条。

5.4.4　动画播放与保存

动画播放与保存的操作步骤如下。

（1）在"回放"组中，通过单击"向后播放""向前播放""上一帧""下一帧""倒回到开始""快进到结尾""停止"等按钮实现装配和拆卸过程的动画展示，此外还可以设置当前帧和回放速度等参数。

（2）在"回放"组中，单击"导出至电影"按钮 ⬚，弹出"录制电影"对话框。

（3）在"录制电影"对话框中，设置动画保存路径和保存文件名，单击"确定"按钮完成序列动画的保存。

5.5　装配查询与分析

UG NX 1980 还提供了装配组件的信息查询和分析功能，可查询组件信息、检查组件之间的干涉或间隙情况。

5.5.1　部件信息查询

部件信息查询的方法有以下几种。

（1）选择菜单【信息】|【对象】，弹出"类选择"对话框，选择要查询的几何对象，单击"确定"按钮后，弹出如图 5.32 所示的"信息"窗口，列出所选对象的基本信息。

（2）选择菜单【信息】|【部件】|【已加载部件】，弹出"信息"窗口，列出所有已加载部件的基本信息。

（3）选择菜单【信息】|【部件】|【修改】，弹出如图 5.33 所示的"部件修改"对话框，可以选择不同部件的修改记录。

（4）选择菜单【信息】|【部件】|【部件历史记录】，弹出如图 5.34 所示的"部件历史记录"对话框，选择要查询的部件，单击"确定"按钮后，弹出"信息"窗口，列出所选对象的历史信息。

除以上介绍的查询功能外，在菜单【信息】|【装配】各项子菜单中还可以进行"列出组件""组件阵列""装配体"等查询。

图 5.32　"信息"窗口

图 5.33　"部件修改"对话框

图 5.34　"部件历史记录"对话框

5.5.2　简单干涉检查

简单干涉检查可以对指定的两部件进行干涉检查，在模型窗口中显示出干涉信息，操作步骤如下。

（1）选择菜单【分析】|【简单干涉】，弹出如图 5.35 所示的"简单干涉"对话框。

（2）选择要检查的两个组件。

（3）在"干涉检查结果"区域选择要查看结果类型，可以在模型窗口中看到干涉检查的结果。

5.5.3　装配间隙检查

装配间隙检查可以对指定的两个部件进行间隙检查，在模型窗口中显示出干涉信息，操作步骤如下。

图 5.35　"简单干涉"对话框

（1）单击"装配"选项卡上"间隙"组中的"执行分析"按钮，或选择菜单【分析】|【装配间隙】|【执行分析】，弹出"间隙分析"对话框。

（2）选择要检查的间隙集和要分析的对象。

（3）单击"确定"按钮后，弹出如图 5.36 所示的"间隙浏览器"窗口，列出所选对象的间隙信息。

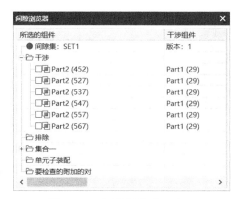

图 5.36　"间隙浏览器"窗口

思考题与操作题

5-1　思考题

5-1.1　在 UG NX 1980 中有哪几种装配方式，装配过程是怎样的？

5-1.2　如何进行自顶向下的装配，在 UG NX 1980 中有哪些工具可以使用？

5-1.3　装配导航器有哪些作用？

5-1.4　在 UG NX 1980 中有哪些装配约束关系，各适用于什么场合？

5-1.5　在 UG NX 1980 中怎样生成爆炸图？

5-2　操作题

5-2.1　使用下载文件夹 CH5/CZLX/czlx5.2.1 进行如图 5.37 所示的装配，并创建爆炸图。

图 5.37　联轴器装配图及爆炸图

5-2.2　使用下载文件夹 CH5/CZLX/czlx5.2.2 进行如图 5.38 所示的装配，并创建爆炸图。

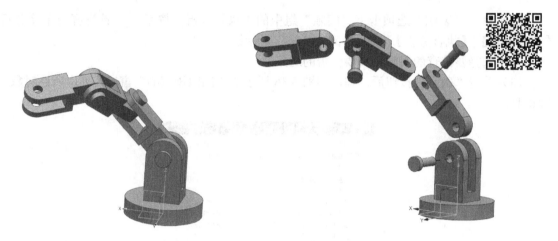

图 5.38　机械臂装配图及爆炸图

5-2.3　使用下载文件夹 CH5/CZLX/czlx5.2.3 进行如图 5.39 所示的装配，并创建爆炸图。

图 5.39　滚轮装配图及爆炸图

第 6 章

工 程 图

在建立了零部件的三维模型后，可以对其进行运动分析、受力分析、应力分析、强度计算、加工设计等。最后，还需要绘制成相应的工程图，以便加工、交流和使用。

UG NX 1980 的制图模块功能非常强大，它能根据建模中生成的三维模型创建二维图形，并与三维图形相关联。当三维图形发生任何变化时，其二维图形也会随之改变，使二维图形与三维模型之间保持一致。制图模块是一个相对独立的操作环境，它不仅可以通过投影获得零部件的基本视图，而且还可以自动生成投影视图、剖视图、局部放大图等辅助视图，并可以对视图进行编辑、标注等操作。

本章将介绍 UG NX 1980 制图模块的常用功能，零件工程图和装配工程图的绘制，工程图的定制、编辑和标注，最后通过实例介绍工程图的绘制过程。

6.1 图纸管理

绘制工程图之前首先要在建模环境中建立零部件的三维模型，然后绘制工程图。进入制图操作模块的方法有以下两种。

（1）绘制零件工程图。在建立零件的三维模型之后，打开该部件文件，然后单击"应用模块"选项卡上"文档"中的"制图"按钮 ⬜，或者选择菜单【应用模块】|【文档】|【制图】，进入制图操作模块。

（2）绘制装配工程图。在建立部件的三维装配模型之后，单击"文件"选项卡中的"新建"按钮 ⬜，弹出"新建"对话框，选择"图纸"标签，在"模板"区域设置尺寸单位并根据需要选择系统提供的（或自行绘制的）、大小适当的图纸模板或空白图纸，在"要创建图纸的部分"区域选择装配对象的模型（prt 格式）文件，在"新文件名"区域指定图纸文件的名称和存放的目录，进入制图工作界面。

⚠ 如果绘制装配工程图时采用与零件工程图同样的方式进入制图操作模块，则装配图上的零件明细表和零件标识符自动导入功能将丧失。

6.1.1 新建图纸页

进入制图模块后，单击"主页"选项卡中的"新建图纸页"按钮 ⬜，或者选择菜单【插入】|

【图纸页】，弹出如图 6.1 所示的"图纸页"对话框，用以建立新的图纸页。现对"图纸页"对话框中各选项的设置加以介绍。

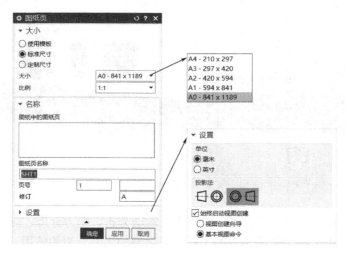

图 6.1　"图纸页"对话框

1．大小

图纸大小的确定方式有 3 种，分别是使用模板、标准尺寸、定制尺寸。

（1）使用模板。UG NX 1980 软件自带了多种图纸模板，在这些模板中已经预设了幅面大小、边框、标题栏等参数和选项，用户也可以根据自己的需要和绘图风格添加模板，以备使用。选择该方式后，"图纸页"对话框中的"大小"区域会显示已经保存在系统中的模板列表，选择其中一种模板后，预览区域会显示该模板的大致轮廓，单击"确定"按钮或"应用"按钮，可建立图纸页。

（2）标准尺寸。按照国标规定确定图纸的大小、比例、尺寸单位、投影方式等生成图纸页。选择该方式后，"图纸页"对话框中的"大小"区域会显示图纸的"大小""比例"，在相应的下拉列表框中选择后，单击"确定"按钮或"应用"按钮，可建立图纸页。

（3）定制尺寸。UG NX 1980 提供了非标准尺寸图纸的创建功能，允许用户根据自己的需要定制图纸幅面的大小。选择该方式后，"图纸页"对话框中的"大小"区域会显示图纸"高度"和"长度"输入框，输入相应的尺寸并在"比例"下拉列表框中选择合适的比例，单击"确定"按钮或"应用"按钮，可建立图纸页。

2．名称

当图纸大小选用"标准尺寸"或"定制尺寸"确定时，"图纸页"对话框中的"名称"区域会显示系统中已建立的图纸页和正要新建的图纸页的名称。系统默认的命名方式是按照图纸页建立的先后次序，依次命名为 SHT1、SHT2、SHT3……用户可以根据自己的需要或习惯，重新命名图纸页。

3．设置

当图纸大小选用"标准尺寸"或"定制尺寸"确定时，"图纸页"对话框中的"设置"区域用以设置图纸页的尺寸单位、投影方式等。

（1）单位。UG NX 1980 提供了两种图纸尺寸单位，分别是"毫米"和"英寸"，可选择其中一种尺寸单位绘制工程图。

 当新建部件文件时选定了尺寸单位,建模后生成图纸页时会自动继承建模时使用的尺寸单位,即使在新建图纸页时设置了其他尺寸单位,系统仍然使用建模时使用的尺寸单位。

（2）投影法。系统提供了两种投影视图的方式：第一角投影和第三角投影。第一角投影符合我国制图国家标准的规定，第三角投影采用英美等国家的标准。

（3）始终启动视图创建。选中该选择框后可以进一步选择"视图创建向导"或者"基本视图命令"单选框，在新建图纸页后，系统会根据选择的结果自动弹出"视图创建向导"或者"基本视图"对话框，用以添加基本视图。

6.1.2　编辑图纸页

"编辑图纸页"命令用于对已建立的工程图的名称、图纸大小、尺寸单位、比例、投影方式进行修改。单击"主页"选项卡上"片体"组中的"编辑图纸页"按钮，或者选择菜单【编辑】|【图纸页】，弹出"图纸页"对话框，如图 6.2 所示。

图 6.2　"图纸页"对话框

　与图 6.1 相比，图 6.2 中的"大小"区域只有"标准尺寸"和"定制尺寸"两种方式可供选用；图纸大小和绘图比例可以重新确定。每一个区域的编辑修改方法与图 6.1 类似，设置后单击"确定"按钮或"应用"按钮，完成修改。

 如果图纸页中已经建立投影视图，则图纸的尺寸单位和投影方式不允许修改。

6.1.3　打开图纸页

"打开图纸页"命令用于打开一张已建立的工程图。单击"主页"选项卡上"片体"组中的"打开图纸页"按钮，弹出"打开图纸页"对话框，如图 6.3 所示。从现有的非活动图纸页列表中选择要打开的图纸页名称，则该页图纸名称自动进入"图纸页

图 6.3　"打开图纸页"对话框

名称"文本框中，也可以直接在"图纸页名称"文本框中输入要打开的图纸页名称，单击"确定"按钮或"应用"按钮，可打开非活动图纸页。如果该模型的图纸页很多，可以根据不同的属性用过滤器先行过滤，然后进行选择。

6.1.4　删除图纸页

"删除图纸页"命令用于删除已建立的工程图。删除的方法有以下 3 种。

（1）在制图模块中选择菜单【编辑】|【删除】，弹出"类选择"对话框，选择要删除的工程图，单击"确定"按钮，完成操作。

（2）直接在制图模块中选择要删除的工程图，按键盘上的<Delete>（或<Del>）键，删除该工程图。

（3）在制图模块或建模模块中，展开部件导航器，选中要删除的工程图，右击，在快捷菜单中选择"删除"，完成操作。

6.1.5　制图界面的参数设置

在绘制工程图之前，通常要根据制图需要及用户习惯对制图界面及相关参数，如视图样式、尺寸标注样式、工程图几何元素的颜色等进行设置。在主菜单中选择【首选项】|【制图】，弹出"制图首选项"对话框，如图 6.4 所示。可以选择列表栏中需要修改的项目，对图纸中的公共设置、尺寸、注释、符号、表、图纸常规、图纸格式、图纸视图等一系列参数进行修改。单击"确定"按钮或"应用"按钮，完成操作。

图 6.4　"制图首选项"对话框

6.2　视图创建与编辑

建立图纸页后，接下来的工作就是在图纸页上添加各种视图，以平面视图表达三维实体。

添加视图操作包括：添加模型视图、正投影视图、辅助视图、局部视图和各种剖视图等。视图创建后，还经常需要对其进行更新、对齐、移动、复制等操作。使用"主页"选项卡上"视图"组中的常见视图相关命令，也可以选择菜单【插入】|【视图】中的各项视图调用命令。

6.2.1　建立基体视图

利用该功能将模型的各种基本视图添加到图纸页的指定位置。单击"主页"选项卡上"视图"组中的"基本视图"按钮，或选择菜单【插入】|【视图】|【基本】，弹出如图 6.5 所示的对话框。对话框中各参数及选项的意义如下。

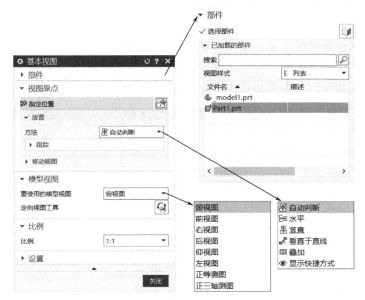

图 6.5　"基本视图"对话框

1．部件

"部件"区域用于显示已加载和最近访问过的部件，选择需要绘制工程图的部件，也可以单击"打开"按钮，插入其他部件文件将其投影并建立视图。

2．视图原点

"视图原点"区域用于指定视图放置的位置。在"放置方法"下拉列表框中有以下 5 种放置方式可供选择。

（1）自动判断。通过移动鼠标在图面上指定或捕捉点的位置，放置视图。

（2）水平。选择图面上现有的视图，以该视图为基准，在其左侧或右侧适当的位置放置新的视图。

（3）垂直。选择图面上现有的视图，以该视图为基准，在其上方或下方适当的位置放置新的视图。

（4）垂直于直线。选择图面上现有的视图，并指定一个矢量方向，以选定视图为基准，在指定的矢量方向上投影，在垂直于投影方向的直线上适当的位置放置新的视图。

（5）叠加。选择图面上要锁定与其对齐的现有视图，并指定一点，以选定视图为基准，在指定的点处放置新的视图。

3．模型视图

"模型视图"区域用于选择三维实体投影到图纸页上的方向，在"要使用的模型视图"下拉列表框中有 8 种投影方向可供选择，也可以使用"定向视图工具"自定义投影方向。

4．比例

"比例"区域用于设定新建视图的绘制比例。新建视图时默认的比例是所在图纸页建立时设定的比例。如果新建的视图比例与所在图纸页比例不同，可在该区域重新设定比例。

5．设置

"设置"区域中，单击"设置"图标按钮 ![图标]，弹出"基本视图设置"对话框，如图 6.6 所示，可通过该对话框设置视图样式。此外还可以设定"非剖切"，用于绘制视图时将部分实体作为隐藏的对象，按不可见形体绘制投影。单击该区域"选择对象"，用鼠标在绘图窗口中选择需隐藏的组件，绘制视图时这些组件将按隐藏对象处理。

图 6.6 "基本视图设置"对话框

现以图 6.7 所示的水槽为例，分析建立基本视图的过程。

（1）打开下载文件"CH6\CZSL\6.7.prt"，选择菜单【应用模块】|【文档】|【制图】，进入制图模块。单击"主页"选项卡中的"新建图纸页"按钮 ![图标]，弹出"图纸页"对话框。

（2）在"图纸页"对话框的"大小"区域中选择"标准尺寸"方式，设定图纸大小为"A4-210×297"，绘图比例为"1:2"；在"名称"区域中的"图纸页名称"文本框中输入新建的图纸页名称 ShuiCao_1；在"设置"区域选择绘图的尺寸单位为"毫米"，视图投影方式为"第一角投影"，选择"始终启动视图创建"选项下的"基本视图命令"，如图 6.8 所示，单击"确定"按钮，弹出"基本视图"对话框。

（3）在"基本视图"对话框中"模型视图"区域的"要使用的模型视图"下拉列表框中选择主视图"前视图"，"视图原点"区域的"放置方法"下拉列表框中选择"自动判断"，其他选项默认，拖动鼠标至适当的位置单击，生成三维实体的主视图，如图 6.9 所示。

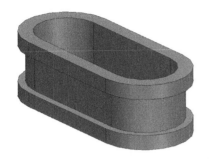

图 6.7　水槽

图 6.8　图纸页设置

图 6.9　添加主视图

（4）以主视图为基准，在其下方拖动鼠标至适当的位置单击，生成三维实体的俯视图，结果如图 6.10 所示。

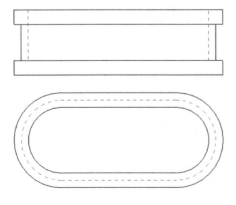

图 6.10　添加俯视图

6.2.2 建立投影视图

投影视图是指用已存在的视图作为父视图，按投影关系在指定方向上生成新的视图，既可以生成向视图，又可以生成正交视图。现以图 6.11 所示的弯头为例，介绍投影视图的建立方法。在制图模块中，先建立实体的主视图。

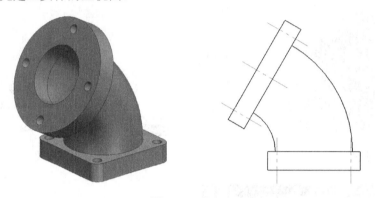

图 6.11　弯头

单击"主页"选项卡中的"投影视图"按钮，弹出"投影视图"对话框，如图 6.12 所示。在对话框中进行如下设置。

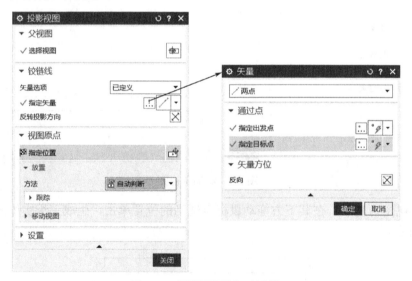

图 6.12　"投影视图"对话框

（1）选择父视图。在"投影视图"对话框中的"父视图"区域中单击，在图形窗口选择主视图作为父视图。

（2）铰链线。在"投影视图"对话框"铰链线"区域中的"矢量选项"下拉列表框中选择"已定义"，单击"指定矢量"选项右侧的"矢量对话框"按钮，弹出"矢量"对话框，在下拉列表框中选择"两点"方式，在"通过点"区域分别指定两点，确定投影方向，如图 6.13 中①、②所示。

（3）视图原点。在"投影视图"对话框"视图原点"区域中的"放置方法"下拉列表框中选择"自动判断"，拖动鼠标到适当的位置单击，生成投影视图——斜视图，如图 6.14 所示。

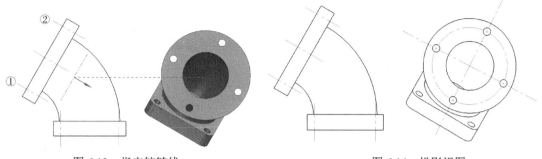

图 6.13　指定铰链线　　　　　　　　图 6.14　投影视图

6.2.3　建立全剖视图和半剖视图

剖视图分为全剖视图、半剖视图、旋转剖视图、阶梯剖视图等，单击"主页"选项卡上"视图"组中的相应按钮，可建立剖视图。

现以图 6.15 所示的接头为例，介绍剖视图和半剖视图的建立方法。

（1）进入制图模块后，生成实体的基本视图——俯视图，如图 6.16 所示。

（2）单击"主页"选项卡上"视图"组中的"剖视图"按钮，弹出"剖视图"对话框，

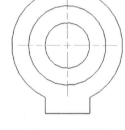

图 6.15　接头　　　　图 6.16　俯视图

如图 6.17 所示。在"剖切线"区域中"方法"下拉列表框中选择"半剖"。按照提示指定点作为"截面线段"位置，先定义剖切位置，如图 6.18 所示，再定义折弯位置，如图 6.19 所示；拖动鼠标指定剖视图中心点放置的位置，生成半剖视的主视图，如图 6.20 所示。

图 6.17　"剖视图"对话框

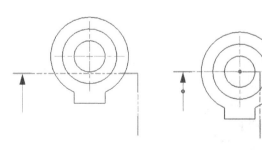

图 6.18　定义剖切位置　　图 6.19　定义折弯位置

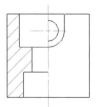

图 6.20　半剖视主视图

（3）在"剖视图"对话框中，选择"剖切线"区域中"方法"下拉列表框中的"简单剖/阶梯剖"。选择现有半剖视的主视图作为父视图，按照提示指定点作为"截面线段"位置，定义剖切位置，选择主视图轴线上任意一点，如图 6.21 所示；拖动鼠标指定剖视图中心点位置放置，生成全剖视的左视图，如图 6.22 所示。

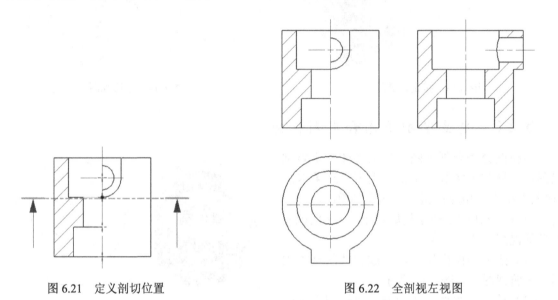

图 6.21   定义剖切位置   图 6.22   全剖视左视图

6.2.4   建立旋转剖视图

要表达清楚图 6.23 所示的轮盘均匀分布的孔的结构，需采用旋转剖视图。在制图模块中建立俯视图，如图 6.24 所示。

（1）单击"主页"选项卡上"视图"组中的"剖视图"按钮，弹出"剖视图"对话框，在"剖切线"区域中"方法"下拉列表框中选择"旋转"。

（2）在"截面线段"区域选择"指定旋转点"，本案例以主孔的中心作为剖切旋转点，如图 6.25 所示。

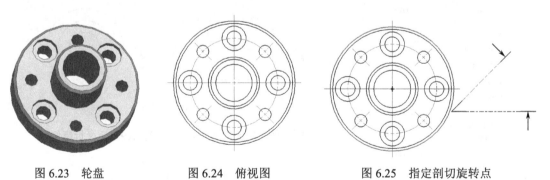

图 6.23   轮盘   图 6.24   俯视图   图 6.25   指定剖切旋转点

（3）在"截面线段"区域选择"指定支线 1 位置"和"指定支线 2 位置"，本案例以小孔中心作为剖切线经过的第一个位置，如图 6.26-①所示；以沉孔中心作为剖切线经过的第二个位置，如图 6.26-②所示。

（4）拖动鼠标指定剖视图中心点放置位置，生成旋转剖视图的主视图，如图 6.27 所示。

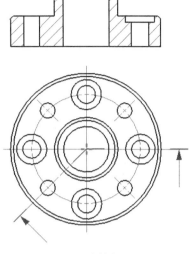

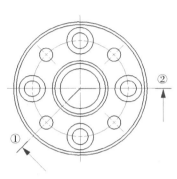

图 6.26　指定剖切线位置　　　　　　　　图 6.27　旋转剖视图

6.2.5　建立阶梯剖视图

阶梯剖视图是指用一组转折的剖切平面将实体剖开，向指定的方向投影。现采用阶梯剖视图表达如图 6.28 所示孔板的结构。

（1）在制图模块中建立俯视图，如图 6.29 所示。单击"主页"选项卡上"视图"组中的"剖视图"按钮 ，弹出"剖视图"对话框，在"剖切线"区域中"方法"下拉列表框中选择"简单剖/阶梯剖"。

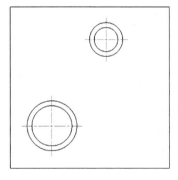

图 6.28　孔板　　　　　　　　　　　　图 6.29　俯视图

（2）按照提示指定点作为"截面线段"位置，将动态剖切线移动至所希望的剖切位置，本案例中首先捕捉右上角小孔中心。根据需要拖动鼠标指定投影方向，使得剖视图方向与铰链线对齐，如图 6.30 所示。

（3）然后右击，在弹出的快捷菜单中选择"截面线段"，本案例以左下角大孔中心作为下一个用于放置剖切线的点，如图 6.31 所示。

（4）单击"剖视图"对话框中"视图原点"区域的"指定位置"，拖动鼠标指定剖视图中心点放置位置，生成阶梯剖视的左视图，如图 6.32 所示。

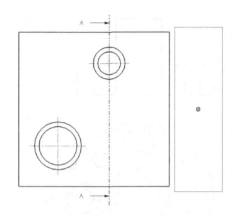

图 6.30　定义投影方向

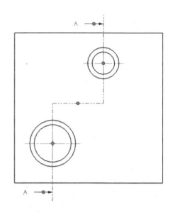

图 6.31　指定剖切位置

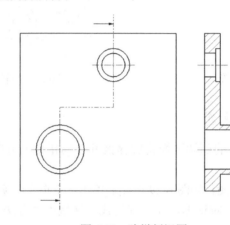

图 6.32　阶梯剖视图

⚠ 阶梯剖视与旋转剖视的区别在于：旋转剖视分别将两个剖切面向各自正交的方向投影，然后将其画在同一平面上；阶梯剖视将所有剖切面向同一指定的方向投影。

6.2.6　建立局部剖视图

局部剖视图是指在现有视图上用一剖切平面将实体的一部分割开，将该部分画成剖视图。现以图 6.33 所示方孔支架为例介绍局部剖视图的建立过程。

（1）在制图模块中建立俯视图和主视图，如图 6.34 所示。

图 6.33　方孔支架

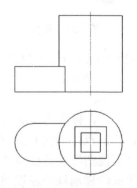

图 6.34　主视图和俯视图

（2）选择主视图的边框，右击，在弹出的快捷菜单中选择"激活草图"，如图 6.35 所示。

（3）然后使用"草图"选项卡中的"样条"曲线命令，绘制创建代表局部剖视图边界的曲线，如图 6.36 所示。

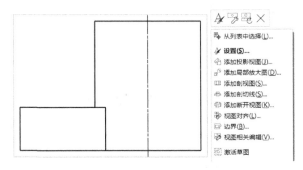

图 6.35　主视图设置为"激活草图"状态

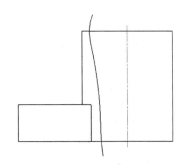

图 6.36　绘制局部剖视图边界曲线

（4）单击"主页"选项卡上"视图"组中的"局部剖视图"按钮 ，弹出"局部剖"对话框，如图 6.37 所示。选择"创建"按钮，选择已经添加了局部剖曲线的主视图；在俯视图上选择方孔的边缘中点作为一个基点，并且使其矢量方向如图 6.38 所示，以定义剖切位置和撕扯方向。如果默认的视图法向矢量不符合要求，必要时可以使用矢量反向或从矢量构造器列表中选择一个选项来指定不同的拉伸矢量。

图 6.37　"局部剖"对话框

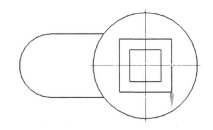

图 6.38　定义剖切位置和撕扯方向

（5）单击鼠标中键，自动转至"选取曲线"步骤，选择刚才所绘制的剖视图边界样条曲线；单击鼠标中键，自动转至"修改边界曲线"步骤，选择作图线，将顶点拖出，以使视图内要被局部剖切的区域闭合，选择另一条作图线，再次将顶点拖出，以使视图内要被局部剖切的区域闭合，直至出现如图 6.39 所示的闭合区域，单击"应用"按钮完成操作，生成的局部剖视图如图 6.40 所示。

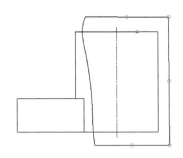

图 6.39　绘制闭合的局部剖切区域

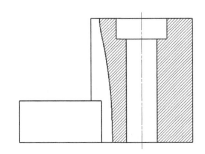

图 6.40　局部剖视图

6.2.7　建立局部放大图

对于零部件上尺寸相对较小、结构复杂的部分可用局部放大图来表达。图 6.41-①所示的实体有一尺寸较小的沉孔，直接在视图上无法表达清楚或难以标注尺寸。采用局部放大的操作步骤如下。

（1）在制图模块中建立全剖的主视图，如图 6.41-②所示。单击"主页"选项卡中的"局部放大图"按钮 🔊，弹出"局部放大图"对话框，如图 6.42 所示。

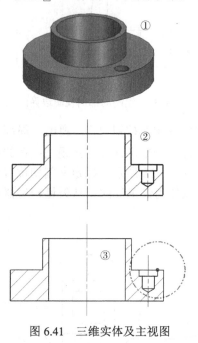

图 6.41　三维实体及主视图　　　　　　　图 6.42　"局部放大图"对话框

（2）在"局部放大图"对话框的类型下拉列表框中选择指定放大范围的类型"圆形"；在"边界"区域单击"指定中心点"，用鼠标在图形窗口中捕捉或用点构造器指定圆形放大区域的中心点；在"局部放大图"对话框的"边界"区域单击"指定边界点"，按住鼠标左键并在图形窗口中拖动确定放大区域的范围，如图 6.41-③所示。

（3）在"局部放大图"对话框的"比例"下拉列表框中选择相对于原图的放大比例为 2：1。

（4）在"局部放大图"对话框的"原点"区域的"放置方法"下拉列表框中选择"自动判断"，拖动鼠标至适当的位置单击，生成局部放大图，如图 6.43 所示。

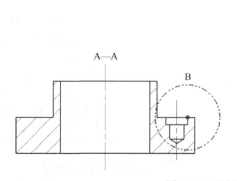

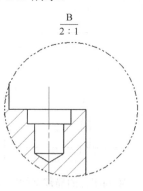

图 6.43　局部放大图

6.2.8 建立断开视图

断开视图是指用断裂线将已存在的视图分割成两段，用于表达纵向尺寸远远大于横向尺寸，且结构相对比较简单的零件。

现以图 6.44 所示的轴为例，介绍断开视图的建立方法。

（1）进入制图模块，建立零件的基本视图——俯视图，如图 6.45 所示。

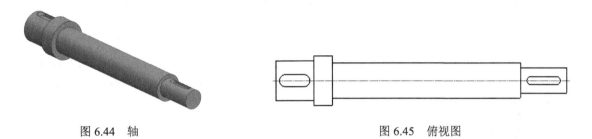

图 6.44 轴   图 6.45 俯视图

（2）单击"主页"选项卡中的"断开视图"按钮，弹出"断开视图"对话框，如图 6.46 所示。在"类型"区域选择断开视图的类型，系统提供了两种类型的断开视图：常规（断裂线两侧的结构均予以表达）和单侧（仅表达断裂线一侧的结构），本案例选择"常规"类型。

图 6.46 "断开视图"对话框

（3）系统提示用户选择"主模型视图"，捕捉现有的俯视图作为主模型视图，在对话框的"方向"区域，用矢量构造器指定轴线方向作为断裂方向。

（4）在俯视图上指定左侧断裂线位置，通过输入偏置数值微调断裂线位置；再指定右侧断裂线位置，如图 6.47 所示。

（5）在对话框"设置"区域设置两条断裂线之间的间隔、断裂线的线型、断裂线弯曲的幅度、断裂线两端向轮廓线外延伸的距离（通常为零）、断裂线颜色和线宽等。

（6）单击"确定"按钮或"应用"按钮完成操作，结果如图 6.48 所示。

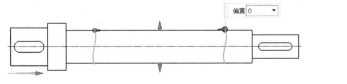

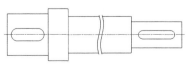

图 6.47 指定断裂位置   图 6.48 断开视图

6.2.9　编辑视图

视图创建后，经常需要对其进行更新、对齐、移动、复制等操作。

1. 更新视图

当模型修改后，可通过手动更新视图。单击"主页"选项卡上"视图"组中"编辑视图下拉菜单"中的"更新视图"按钮 ，弹出"更新视图"对话框，如图 6.49 所示。

单击对话框中"视图"区域的"选择视图"按钮，在图形窗口中用鼠标选择需要更新的视图，或在对话框的"视图列表"中选择需要更新的视图，单击"确定"按钮或"应用"按钮，完成视图更新。如果同时需要更新多个视图，则在选择视图的同时按住键盘上的<Ctrl>键；也可以在对话框中单击"选择所有过时视图"按钮 或"选择所有过时自动更新视图"按钮 ，更新模型修改后所有未更新过的视图。

2. 视图对齐

该命令用于调整已建立的视图位置，并按设定方式对齐。

单击"主页"选项卡上"视图"组中"编辑视图下拉菜单"中的"视图对齐"按钮 ，弹出"视图对齐"对话框，如图 6.50 所示。在图形窗口中用鼠标选择需要更新的视图，在对话框中"对齐"区域指定视图放置的位置和方法。"对齐"区域提供了 6 种常见放置方法，分别是自动判断、水平、竖直、垂直于直线、叠加、铰链副；当选择水平、竖直、垂直于直线、叠加的放置方法后，还需要选择对齐的视图。单击"确定"按钮或"应用"按钮，完成视图对齐。

图 6.49　"更新视图"对话框

图 6.50　"视图对齐"对话框

3. 移动/复制视图

该命令用于移动或复制已建立的视图，并按指定的方式和位置放置。

单击"主页"选项卡上"视图"组中"编辑视图下拉菜单"中的"移动/复制视图"按钮 ，弹出"移动/复制视图"对话框，如图 6.51 所示。在图形窗口中用鼠标选择需要移动或复制的视图，或在对话框的视图列表中选择需要移动或复制的视图；选择对话框中部的对齐方式，使移动或复制后的视图与原视图按此方式对齐，拖动鼠标至适当的位置单击，移动视图或生成新的视图。

未选中"复制视图"复选框时，所做的操作将移动视图，反之将复制视图。

4．视图相关编辑

"视图相关编辑"命令用于编辑视图中某一对象的显示，同时不影响同一对象在其他视图中的显示。单击"主页"选项卡上"视图"组中"编辑视图下拉菜单"中的"视图相关编辑"按钮 ，或选择菜单【编辑】|【视图】|【视图相关编辑】，弹出"视图相关编辑"对话框，如图 6.52 所示。对话框中各区域的功能与设置介绍如下。

图 6.51　"移动/复制视图"对话框

图 6.52　"视图相关编辑"对话框

（1）添加编辑。用于添加对视图的编辑项目，如擦除视图中的对象 、编辑视图中的完整对象 、编辑着色对象 、编辑视图中的对象段 、编辑剖视图背景 。

（2）删除编辑。用于删除已经编辑的项目，如删除选定的擦除 ——有选择地恢复被删除的对象；删除选定的编辑 ——有选择地撤销已做的编辑；删除所有编辑 ——撤销所做的全部编辑。

（3）线框编辑。用于设置所需编辑的图线的属性，如线条颜色、线型、线宽。该区域的内容只有部分编辑选项可用。

（4）着色编辑。用于设置所需编辑的图线的显示特征，如着色颜色、局部着色、透明度。该区域的内容只有部分编辑选项可用。

6.3　图样标注

视图绘制完成后，图样标注是一项重要而且工作量很大的任务，非常烦琐，需要耐心细致才能完成。图样标注包括尺寸标注、文字标注、形位公差标注等。

6.3.1　尺寸标注

使用"主页"选项卡上"尺寸"组中的各种按钮可标注各种类型的尺寸；也可以选择菜单

【插入】|【尺寸】，调用相关命令。

1. 快速尺寸

单击"尺寸"组中的"快速"按钮 ，弹出"快速尺寸"对话框，如图 6.53 所示。按照用户提示可选择要标注尺寸的图形对象，系统会根据所选对象的属性，自动选择适当的尺寸类型加以标注；在"测量"区域中可以选择不同的方法进行测量标注。也可以双击现有的尺寸对其进行编辑，弹出的场景对话框如图 6.54 所示。可以对尺寸数值、公差、文本格式、尺寸样式、对齐等进行设置，设置完成后按鼠标中键确认尺寸编辑。快速标注尺寸是由系统自动判断实施标注的，标注结果可能是下述方法中的任意一种，可能与用户希望的标注方式不相符。

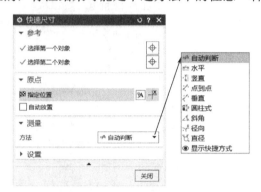

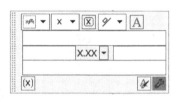

图 6.53　"快速尺寸"对话框　　　　　　　　图 6.54　场景对话框

2. 线性尺寸

单击"尺寸"组中的"线性"按钮 ，弹出"线性尺寸"对话框，该对话框及其场景对话框与"快速尺寸"命令介绍中的基本相同，在此不再重述。在"线性尺寸"对话框的"测量"区域中，可以选择将"水平""竖直""点到点""垂直""圆柱式"这 5 种不同线性尺寸中的一种创建为独立尺寸，或者创建为一组链尺寸或基线尺寸。选择一条图线或依次选择两点并拖动鼠标，可标注图线两个对象或所选两点之间的线性距离，如图 6.55 所示。

3. 径向尺寸

单击"尺寸"组中的"径向"按钮 ，弹出"径向尺寸"对话框。在对话框的"测量"区域中，可以选择"自动判断""径向""直径"这几种方法标注圆或圆弧的半径和直径。在选择"径向"方法时，还可以设置是否创建带折线的半径。选择圆或圆弧并拖动鼠标，可标注所选对象的半径或直径，如图 6.56 所示。

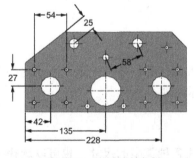

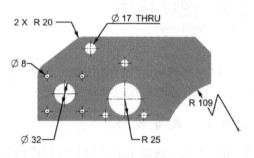

图 6.55　线性尺寸标注　　　　　　　　　　图 6.56　径向尺寸标注

4．角度尺寸

单击"尺寸"组中的"角度"按钮 ，弹出"角度尺寸"对话框。在对话框的"参考"区域中，可以选择"对象"和"矢量和对象"两种模式；在"测量"区域中，可以选择使用"错角"切换对优角和劣角的尺寸标注。依次选择两条直线并拖动鼠标，可标注所选直线之间的夹角，如图 6.57 所示。

5．孔和螺纹尺寸

单击"尺寸"组中的"孔和螺纹标注"按钮 ，弹出"孔和螺纹标注"对话框。从"类型"列表中可以选择"线性"和"径向"。在"尺寸"区域中还可以选择是否创建单独的深度尺寸。选择孔对象并拖动鼠标，可以为其轴与视图平面垂直或平行的孔的特征参数创建关联的圆柱孔和螺纹标注，如图 6.58 所示。

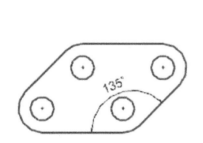
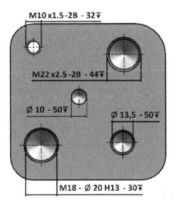
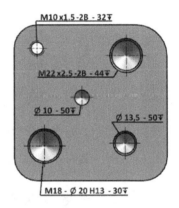

图 6.57　角度尺寸标注　　　　　　　图 6.58　孔和螺纹尺寸标注

6．倒斜角尺寸

单击"尺寸"组中的"倒斜角"按钮 ，弹出"倒斜角尺寸"对话框。在"参考"区域中，当选择"倒斜角对象"时，该对象必须位于参考边的 45° 位置；当不存在与倒斜角边相邻的合适参考边时，可以选择一个"参考对象"。创建出的倒斜角尺寸如图 6.59 所示。

7．厚度尺寸

单击"尺寸"组中的"厚度"按钮 ，弹出"厚度尺寸"对话框。该命令用于在两条曲线之间创建尺寸，代表测量第一条曲线上的点与第二条曲线上的交点之间的法向距离。依次选择两条曲线并拖动鼠标，可标注所选曲线之间的厚度尺寸，如图 6.60 所示。

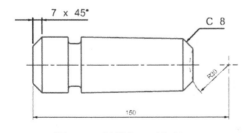
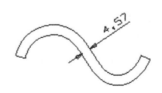

图 6.59　倒斜角尺寸标注　　　　　　　图 6.60　厚度尺寸标注

8. 弧长尺寸

单击"尺寸"组中的"弧长"按钮，弹出"弧长尺寸"对话框。该命令可沿圆段的周长方向标注距离尺寸。选择一个圆弧段并拖动鼠标，可标注所选对象的弧长尺寸，如图6.61所示。

9. 坐标尺寸

单击"尺寸"组中的"坐标"按钮，弹出"坐标尺寸"对话框。从"类型"列表中可以选择"单个尺寸"和"多个尺寸"，在"参考"区域中可以选择"原点"和"对象"，在"基线"区域中可以进行相应的基线设置。该命令测量公共原点与视图中某个对象之间的线性距离，如图6.62所示。坐标尺寸通常包含尺寸文本和一条单延伸线，可显示或不显示尺寸线。

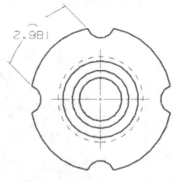

图 6.61　弧长尺寸标注

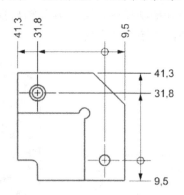

图 6.62　坐标尺寸标注

6.3.2　文字及符号标注

文字及符号标注的有关命令可用于标注和编辑图形上的文字注释和各种符号，使用"主页"选项卡上"注释"组中的各种按钮可完成相关操作；也可以从菜单【插入】|【注释】中选择有关命令进行操作。

1. 文字标注

文字标注的有关命令用于在工程图中插入文本注释。

单击"注释"组中的"注释"按钮A，或选择菜单【插入】|【注释】|【注释】，弹出"注释"对话框，如图6.63所示。对话框中"指引线"区域可以设置文本注释的指引线类型及样式，如图6.63-①所示。可以在对话框的"文本输入"区域中输入文本、编辑文本、设置文本格式；也可以从其他文本文件（*.txt 格式）中导入文本、将文本输入框中现有的文本导出并保存为文本文件（*.txt 格式），如图6.63-②所示；还可以插入各种制图符号，如图6.64所示。

2. 形位公差标注

形位公差标注的有关命令用于在工程图中插入形位公差标注，有以下两种标注方式。

（1）在"注释"对话框的"文本输入"区域，从"符号类别"中选择"形位公差"，如图6.65所示。在"标准"下拉列表框中选择一种标准，如 ISO 1101 1983 等；单击某种特征控制框按钮，如图6.65-①所示的"插入单特征控制框"按钮；单击"形位公差符号"按钮，如图6.65-②所示的"垂直度"按钮⊥；然后输入公差值；单击"框分割线"按钮｜，如图6.65-③所示；单击基准字母符号按钮，如图6.65-④所示的"基准 B"按钮B，完成形位公差的设定；在图形

窗口中选择要标注的对象，并按住鼠标左键拖动拉出指引线，在适当的位置单击鼠标左键确定形位公差标注框格的位置。单击"关闭"按钮，退出"注释"对话框。

图 6.63 "注释"对话框

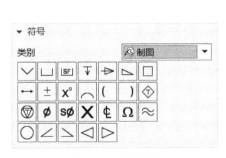

图 6.64 制图符号

图 6.65 形位公差符号

（2）单击"注释"组中的"特征控制框"按钮，或选择菜单【插入】|【注释】|【特征控制框】，弹出"特征控制框"对话框，如图 6.66 所示。在"框"区域的"特性"下拉列表框中选择形位公差的类型，如图 6.66-①所示；在"框样式"下拉列表框中选择形位公差框格的样式，如图 6.66-②所示；在对话框中输入公差值；设置其他选项，如图 6.66-③所示；在图形窗口中选择要标注的对象，并按住鼠标左键拖动拉出指引线，在适当的位置单击鼠标左键确定形位公差标注框格的位置。单击"关闭"按钮，退出"特征控制框"对话框。

图 6.66 "特征控制框"对话框

3. ID 标识符号标注

ID 标识符号标注命令可向图纸中手动插入 ID 符号，用于表示零件的序号。

单击"注释"组中的"符号标注"按钮 ⌀，或选择菜单【插入】|【注释】|【符号标注】，弹出"符号标注"对话框，如图 6.67 所示。在"类型"下拉列表框中选择符号类型，设置相关参数，按住鼠标左键拖动，拖出引导线，在适当位置放置符号，单击"关闭"按钮，退出"符号标注"对话框。

图 6.67 "符号标注"对话框

4. 基准特征符号标注

基准特征符号标注的有关命令用于在工程图中插入基准特征符号。

单击"注释"组中的"基准特征符号"按钮 ⏁，或选择菜单【插入】|【注释】|【基准特征符号】，弹出"基准特征符号"对话框，如图 6.68 所示。

在"指引线"区域的"类型"下拉列表框中选择指引线的类型，如图 6.68-①所示；在"样式"的"箭头"下拉列表框中选择箭头样式，如图 6.68-②所示；在"短划线侧①"的下拉列表框中选择指引线标出的方向，如图 6.68-③所示；在对话框中输入短划线的长度值，如图 6.68-④所示；在"基准标识符"区域的"字母"输入框输入作为基准的字母，如图 6.68-⑤所示；设置其他选项；在图形窗口中选择要标注的对象，并按住鼠标左键拖动拉出引导线，单击鼠标左键确定基准特征符号的位置。单击"关闭"按钮，退出"基准特征符号"对话框。

图 6.68　"基准特征符号"对话框

5．表面粗糙度符号标注

表面粗糙度符号命令用于在指定表面轮廓线上标注表面粗糙度符号。

单击"注释"组中的"表面粗糙度符号"按钮√，或选择菜单【插入】|【注释】|【表面粗糙度符号】，弹出"表面粗糙度"对话框，如图 6.69 所示，操作步骤如下。

（1）在对话框中"原点"区域，设置指定粗糙度符号尖顶放置的位置。

（2）当粗糙度符号需要引出标注时，需在对话框的"指引线"区域设置指引线的类型、结构和尺寸，如图 6.70 所示。

图 6.69　"表面粗糙度"对话框

图 6.70　"指引线"区域

（3）"属性"区域用于设定粗糙度符号的"除料"方式、相应图例中参数输入等，如图 6.71所示。

---

① 短划线，正确应为短画线，为了与软件保持一致，本书仍使用短划线。

（4）"设置"区域用于设置粗糙度符号中文字的样式、粗糙度符号放置的方向与水平线之间的夹角。当标注粗糙度的表面在当前视图中处于实体的下方或右侧时，需选中"反转文本"复选框，以使粗糙度符号的方向与其中的文字方向匹配，并保证文字方向符合国标规定，如图 6.72 所示。

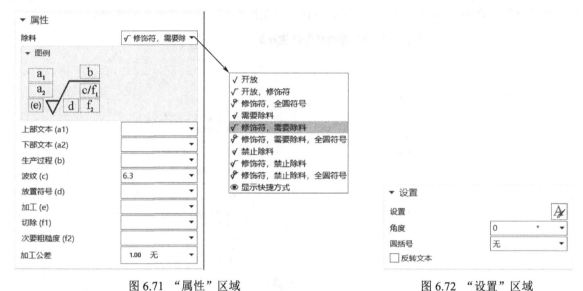

图 6.71 "属性"区域　　　　　　　　　　图 6.72 "设置"区域

6. 剖面线标注

"剖面线"命令用于在指定区域内创建剖面线图样。

单击"注释"组中的"剖面线"按钮，或选择菜单【插入】|【注释】|【剖面线】，弹出"剖面线"对话框，如图 6.73 所示，操作步骤如下。

图 6.73 "剖面线"对话框

（1）指定区域。在对话框的"边界"区域的"选择模式"下拉列表框中提供了两种指定边界的方式："边界曲线"（选择一组边界围成的封闭区域）和"区域中的点"（在封闭区域中任意一点单击）。

（2）设置剖面线的属性。在对话框的"设置"区域指定"断面线定义"、设置剖面线参数、颜色、线型和线宽等。

（3）单击"确定"按钮或"应用"按钮，完成操作。

6.4 操作实例

6.4.1 零件图实例

本节将通过实例介绍零件工程图绘制的一般操作过程。

（1）单击"主页"选项卡上的"打开"按钮，打开下载文件 CH6\CZSL\6.74.prt，文件中的实体为转轴，如图 6.74 所示。

（2）单击"应用模块"选项卡上"文档"中的"制图"按钮，进入制图模块。单击"主页"选项卡中的"新建图纸页"按钮，弹出"图纸页"对话框。在对话框的"大小"区域选择"标准尺寸"单选框，在"大小"下拉列表框中选择"A3-297×420"，在"比例"下拉列表框中选择"1:1"，"图纸页名称"默认，"设置"区域"单位"选择"毫米"，"投影法"类型选择"第一角投影"，单击"确定"按钮完成图纸页设置与创建。

（3）选择菜单【首选项】|【制图】，弹出"制图首选项"对话框。选中左侧层叠结构中需要设置的节点，在右侧不同属性区域进行相应的设置，设置界面如图 6.75 所示。按照相关标准规定的样式对图纸中的视图、线型、文字、尺寸、单位、注释等内容进行调整设置，单击"确定"按钮完成各项设置。

图 6.74　转轴

图 6.75　"制图首选项"对话框

（4）选择菜单【首选项】|【栅格】，弹出"栅格首选项"对话框，在"栅格设置"区域取消选择所有的复选框，单击"确定"按钮。

（5）单击"主页"选项卡上"视图"组中的"基本视图"按钮，弹出"基本视图"对话框，在对话框的"模型视图"区域"要使用的模型视图"下拉列表框中选择主视图"前视图"，在"比例"下拉列表框中选择"1:1",在"视图原点"的"放置方法"下拉列表框中选择"自动判断",拖动鼠标将主视图预览图像移动到绘图窗口的适当位置,单击生成主视图,如图 6.76 所示。

(6)单击"主页"选项卡上"视图"组中的"剖视图"按钮 ▮▮,弹出"剖视图"对话框,选择主视图为父视图,选择键槽水平边缘的中点为剖切点位置,向右拖动鼠标在适当位置单击,生成轴的剖面图。

(7)单击"主页"选项卡上"视图"组中"编辑视图下拉菜单"的"移动/复制视图"按钮 ⬆,弹出"移动/复制视图"对话框,用鼠标选择剖面图并拖动至适当位置单击定位剖面图,如图 6.77 所示。

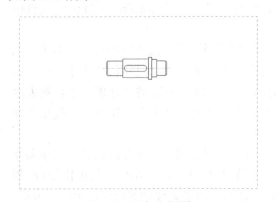

图 6.76　添加主视图

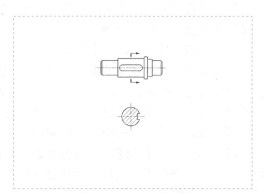

图 6.77　添加并移动剖面视图

(8)单击"主页"选项卡上"尺寸"组中的"线性"按钮 ⟷,标注主视图上水平尺寸,如图 6.78 所示。

(9)单击"主页"选项卡上"尺寸"组中的"线性"按钮 ⟷,弹出"线性尺寸"对话框,在"设置"区域中单击"设置"按钮 ⚡,在弹出的"线性尺寸设置"对话框中,将"公差"节点下"类型和值"区域中的"类型"设置为"双向公差";"小数位数"设置为2;"公差上限"设置为 0,"公差下限"设置为-0.02;在"文本-单位"节点中,选中"单位"区域中的"显示前导零"复选框,取消选中"显示后置零"复选框;在"文本-公差文本"节点中,设置"格式"区域中的"高度"为 2.5,单击"关闭"按钮完成设置。在剖面视图上标注带公差的水平尺寸,如图 6.79 所示。

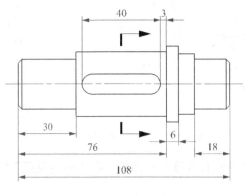

图 6.78　主视图水平尺寸

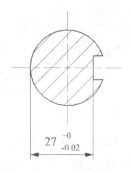

图 6.79　剖面图水平尺寸

（10）单击"主页"选项卡上"尺寸"组中的"线性"按钮⟞x⟝，弹出"线性尺寸"对话框，在"设置"区域中单击"设置"按钮 🅰，在弹出的"线性尺寸设置"对话框中，将"公差"节点下"类型和值"区域中的"类型"设置为"双向公差"；"小数位数"设置为3；"公差上限"设置为0，"公差下限"设置为-0.015；在"文本-单位"节点中，选中"单位"区域中的"显示前导零"复选框，取消选中"显示后置零"复选框；在"文本-公差文本"节点中，设置"格式"区域中的"高度"为2.5，单击"关闭"按钮完成设置。在剖面视图上标注带公差的键槽宽度尺寸，如图 6.80 所示。

（11）单击"主页"选项卡上"尺寸"组中的"线性"按钮⟞x⟝，弹出"线性尺寸"对话框，在"测量"区域的"方法"下拉列表框中选择"圆柱式"；在主视图上标注不带公差的圆柱直径尺寸$\phi 30$、$\phi 38$，如图 6.81 所示。

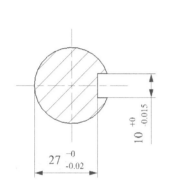

图 6.80　剖面图带公差键槽宽度尺寸

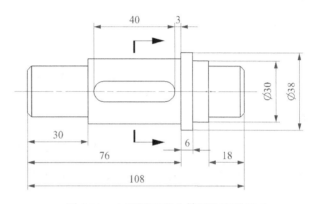

图 6.81　主视图不带公差圆柱直径尺寸

（12）单击"主页"选项卡上"尺寸"组中的"线性"按钮⟞x⟝，弹出"线性尺寸"对话框，在"测量"区域的"方法"下拉列表框中，选择"圆柱式"；在"设置"区域中单击"设置"按钮 🅰，在弹出的"线性尺寸设置"对话框中，将"公差"节点下"类型和值"区域中的"类型"设置为"双向公差"；"小数位数"设置为3；"公差上限"设置为0.015，"公差下限"设置为0.002；在"文本-单位"节点中，选中"单位"区域中的"显示前导零"复选框，取消选中"显示后置零"复选框；在"文本-公差文本"节点中，设置"格式"区域中的"高度"为2.5，单击"关闭"按钮完成设置。在主视图上标注带公差的两端圆柱直径$\phi 25$。在"线性尺寸设置"对话框的"公差"节点中，"公差上限"设置为0.042，"公差下限"设置为0.026；其他设置同上，在主视图上标注带公差的圆柱直径$\phi 32$，如图 6.82 所示。

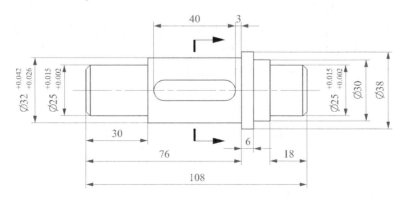

图 6.82　主视图带公差圆柱直径尺寸

（13）单击"主页"选项卡上"尺寸"组中的"倒斜角"按钮，弹出"倒斜角尺寸"对话框，在"设置"区域中单击"设置"按钮，在弹出的"倒斜角尺寸设置"对话框中，将"公差"节点下"类型和值"区域中的"类型"设置为"无公差"；将"前缀/后缀"节点下"倒斜角尺寸"区域中的"位置"设置为"之前"，"文本"设置为"C"；将"倒斜角"节点下"倒斜角格式"区域中的"样式"设置为"符号"，"间距"设置为0；"指引线格式"区域中的"样式"设置为"指引线与倒斜角平行"，"文本对齐"设置为"短划线上方"，单击"关闭"按钮完成设置。在主视图上轴两端标注倒角尺寸，如图 6.83 所示。

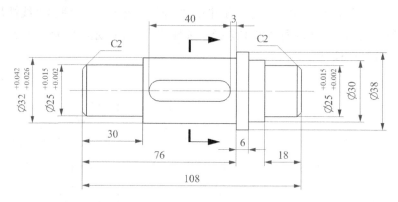

图 6.83　主视图倒角尺寸

（14）单击"主页"选项卡上"注释"组中"特征控制框"按钮，弹出"特征控制框"对话框。

① 在对话框"框"区域的"特性"下拉列表框中选择形位公差类型为"直线度"，"框样式"下拉列表框中选择形位公差框格类型为"单框"，在"公差"文本框中输入公差的数值 0.020；在"指引线"区域设置"类型"为"普通"，"样式"中的"箭头"为"填充箭头"，"短划线长度"为5，单击主视图ϕ32 圆柱轮廓线并拖动至合适的位置定位框格建立直线度公差，如图 6.84-①所示。

② 在对话框"框"区域的"特性"下拉列表框中选择形位公差类型为"对称度"，在"公差"文本框中输入公差的数值 0.015；在"第一基准参考"下拉列表框中选择基准为"C"，其他设置同上，单击剖面图键槽宽度尺寸线端部并拖动至合适的位置定位框格建立对称度公差，如图 6.84-②所示。

③ 在对话框"框"区域的"特性"下拉列表框中选择形位公差类型为"圆跳动"，在"公差"文本框中输入公差的数值 0.030；单击"复合基准参考"按钮，弹出"复合基准参考"对话框，在"基准参考"下拉列表框中选择基准为"A"，单击"添加新集"按钮，在"基准参考"下拉列表框中选择基准为"B"，单击"确定"按钮返回"特征控制框"对话框，其他设置同上，单击主视图ϕ32 圆柱轮廓线并拖动至合适的位置定位框格建立圆跳动公差，如图 6.84-③所示。

（15）单击"主页"选项卡上"注释"组中的"基准特征符号"按钮，弹出"基准特征符号"对话框。在对话框的"指引线"区域设置"类型"为"基准"，"样式"中的"箭头"为"填充基准"，"短划线长度"为 0，在"基准标识符"区域设置字母"A"，单击主视图左端ϕ25尺寸线端点并拖动至合适的位置定位创建基准 A；依次在"基准标识符"区域设置字母"B""C"，其他设置同上，可分别创建基准 B、C，如图 6.85 所示。

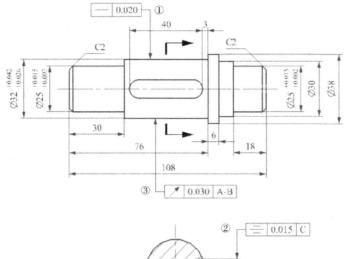

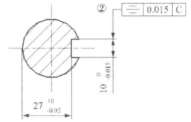

图 6.84　标注形位公差

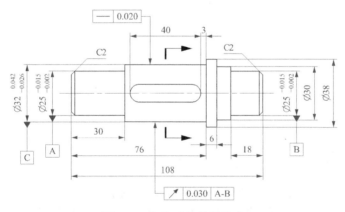

图 6.85　标注形位公差基准

（16）单击"主页"选项卡上"注释"组中的"表面粗糙度符号"按钮 √ ，弹出"表面粗糙度"对话框。

① 在"属性"区域的"除料"下拉列表框中选择符号类型为"修饰符，需要除料"，在粗糙度数值"波纹(c)"项文本框输入 1.6；在"指引线"区域的"类型"下拉列表框中选择"标志"；捕捉主视图上 ϕ32 的尺寸线上端点，生成 ϕ32 轴段的圆柱面粗糙度符号。

② 返回"表面粗糙度"对话框，在"属性"区域粗糙度数值"波纹(c)"项文本框输入 0.8；在"指引线"区域的"类型"下拉列表框中选择"普通"，"箭头"形式为"填充箭头"，"短划线侧"选择"自动判断"，"短划线长度"输入 5；捕捉主视图右端 ϕ25 的尺寸线上端作为指引线起点，拖动鼠标指定另一点作为指引线终点，再指定一点作为符号放置位置生成右端 ϕ25 轴段的圆柱面粗糙度符号。

③ 返回"表面粗糙度"对话框，在"设置"区域中的"角度"输入 180，选中"反转文本"

复选框。在主视图左端φ25 的轴段下侧轮廓线上选择一点作为指引线起点，拖动鼠标指定另一点作为指引线终点，再指定一点作为符号放置位置生成左端φ25 轴段的圆柱面粗糙度符号。

④ 返回"表面粗糙度"对话框，在"属性"区域粗糙度数值"波纹(c)"项文本框输入 6.3，在"设置"区域中的"角度"输入 0，取消选中"反转文本"复选框。捕捉剖面图上键宽尺寸线中点附近一点作为指引线起点，拖动鼠标指定另一点作为指引线终点，再指定一点作为符号放置位置生成键槽侧面粗糙度符号。

⑤ 返回"表面粗糙度"对话框，在"属性"区域粗糙度数值"波纹(c)"项文本框输入 12.5，在"加工(e)"项文本框输入"其余"；单击"设置"区域中的"设置"按钮，在弹出的"表面粗糙度设置"对话框中，选择"文字"节点，将"文本参数"区域中的"高度"设置为 7，单击"关闭"按钮完成设置。选择图纸右上方适当位置，单击放置其余未标注表面的粗糙度符号。

粗糙度标注结果如图 6.86 所示。

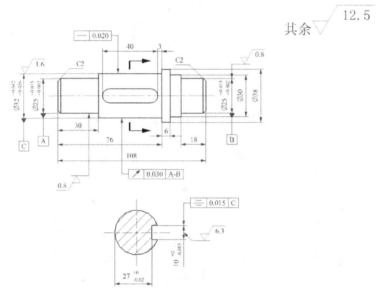

图 6.86　标注表面粗糙度

（17）选择菜单【格式】|【图样】，弹出"图样"对话框，如图 6.87 所示。单击"调用图样"按钮，弹出"调用图样"对话框，如图 6.88 所示。在对话框中设置参数后单击"确定"按钮，弹出"调用图样"文件对话框。选择图样文件"BTL-A3.prt"，连续两次单击"确定"按钮，弹出"点构造器"，指定图样插入点为坐标原点，单击"确定"按钮导入图样。

图 6.87　"图样"对话框

图 6.88　"调用图样"对话框

（18）单击"主页"选项卡上"注释"组中的"注释"按钮A，弹出"注释"对话框。在"文本输入"区域的文本输入框中输入零件图技术要求的内容，拖动鼠标至合适的位置单击创建技术要求文本；在图纸的标题栏中填写相关信息，完成零件图的全部设计内容，如图 6.89 所示。

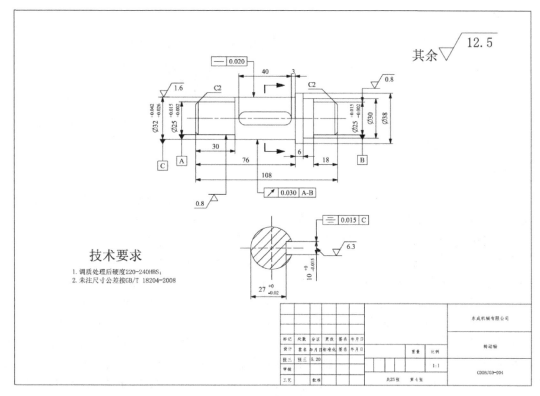

图 6.89　轴零件图

（19）保存部件文件。

6.4.2　装配图实例

本节将通过实例介绍装配工程图绘制的一般操作过程。

（1）单击"主页"选项卡上的"打开"按钮，依次打开各零件的部件文件，选择主菜单【GC 工具箱】|【GC 数据规范】|【属性工具】，弹出"属性工具"对话框，在"属性填写"标签中"标题"列文本框中输入文本"序号"，在"值"列文本框中用阿拉伯数字输入该零件的序号，单击"应用"按钮建立"序号"属性；用同样方法依次建立"名称""材料""备注"（标准件属性值为其国标代号，非标准件属性值为其部件图号）等属性，如图 6.90 所示，单击"确定"按钮，保存部件文件。

（2）单击"文件"中的"新建"按钮，弹出"新建"对话框，选择"图纸"标签，在"模板"区域设置尺寸单位为"毫米"，根据需要选择系统提供的（或自行绘制的）、大小适当的图纸模板或空白图纸（此处以空白图纸为例）；在"要创建图纸的部件"区域打开下载文件CH6\CZSL\ZPSL\ZhuangPei.prt，文件中的实体为螺栓连接组件，如图 6.91 所示；在"新文件名"区域指定图纸文件的名称"ZhuangPei_dwg.prt"和存放的目录，单击"确定"按钮进入制图工作界面。

图 6.90 "属性工具"对话框

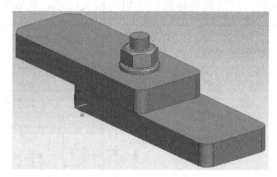

图 6.91 螺栓连接组件

（3）单击"主页"选项卡上的"新建图纸页"按钮，弹出"图纸页"对话框。在对话框中的"大小"区域选择"标准尺寸"单选框，在"大小"下拉列表框中选择"A3-297×420"，在"比例"下拉列表框中选择"1:1"，"图纸页名称"默认，"设置"区域"单位"选择"毫米"，"投影法"类型选择"第一角投影"，单击"确定"按钮完成图纸页设置与创建。

（4）选择菜单【首选项】|【制图】，弹出"制图首选项"对话框。选中左侧层叠结构中需要设置的节点，在右侧不同属性区域进行相应的设置。按照相关标准规定的样式对图纸中的视图、线型、文字、尺寸、单位、注释等内容进行调整设置，单击"确定"按钮完成各项设置。

（5）单击"主页"选项卡上"视图"组中的"基本视图"按钮 🖼️，弹出"基本视图"对话框，在对话框中的"模型视图"区域"要使用的模型视图"下拉列表框中选择"俯视图"，在"比例"下拉列表框中选择"1:1"，在"视图原点"的"放置方法"下拉列表框中选择"自动判断"，拖动鼠标将俯视图预览图像移动到绘图窗口的适当位置，单击生成俯视图。

（6）单击"主页"选项卡上"视图"组中的"剖视图"按钮 🖼️，弹出"剖视图"对话框，选择俯视图为父视图，在"设置"区域的"非剖切"中，用鼠标在俯视图中捕捉剖视图中不剖切的零件（螺栓、螺母、垫圈），也可以在"装配导航器"中选择部件名称，当选择多个对象时需在选择的同时按住<Ctrl>键；然后选择俯视图上螺栓断面圆心，确定剖切平面经过的位置，向上拖动鼠标在适当位置单击，生成剖切的主视图。

（7）标注装配图尺寸，填写技术要求，如图 6.92 所示。

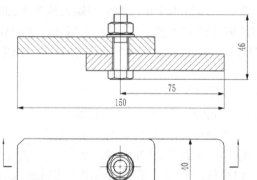

技术要求

1.连接可靠，工作时两被连接件之间不能产生错动；
2.螺栓头部、螺母支承面应平整。

图 6.92 添加视图并标注尺寸

（8）选择菜单【格式】|【图样】，弹出"图样"对话框，单击"调用图样"按钮，弹出"调用图样"对话框，在对话框中设置参数后单击"确定"按钮，弹出"调用图样"文件对话框。选择下载文件夹中图样文件"CH6\CZSL\BTL-A3.prt"，连续两次单击"确定"按钮，弹出"点构造器"，指定图样插入点为坐标原点，单击"确定"按钮导入图样。

（9）在标题栏中填写装配图的相关信息。

（10）选择菜单【插入】|【表】|【零件明细表】，将零件明细表添加到标题栏上方，如图 6.93 所示。

（11）将鼠标指向"QTY"框格右击，在弹出的快捷菜单中选择菜单【选择】|【列】，选中"QTY"列后将鼠标指向该列并右击，在弹出的快捷菜单中选择菜单【插入】|【在右边插入列】；用同样方法在"QTY"列右侧再插入一列，如图 6.94 所示。

5	BEILIANJIAN1	1
4	BEILIANJIAN2	1
3	DIANQUAN	1
2	LUSHUAN	1
1	LUMU	1
PC NO	PART NAME	QTY

图 6.93　添加零件明细表

5	BEILIANJIAN1	1		
4	BEILIANJIAN2	1		
3	DIANQUAN	1		
2	LUSHUAN	1		
1	LUMU	1		
PC NO	PART NAME	QTY		

图 6.94　明细表中插入列

（12）选择"PC NO"列并右击，在弹出的快捷菜单中选择"设置"命令，弹出"设置"对话框，在对话框中选择"零件明细表-列"节点，如图 6.95 所示。在"内容"区域的"类别"下拉列表框中选择"常规"；单击"属性名称"右侧的"属性名称"按钮，弹出"属性名称"对话框，从中选择"序号"，如图 6.96 所示，单击"关闭"按钮完成设置，则在明细表的"序号"列的标题框格中自动输入中文"序号"以代替现有的标题"PC NO"。

图 6.95　"设置"对话框

图 6.96　"属性名称"对话框

用同样方法输入"PART NAME"列的信息，以各零件的中文名称替换现有的名称；接着依次选择"QTY"和剩余两列，用上述方法自动输入零件的数量、材料、备注（各非标准件的图号或标准件的国标代号）信息。

（13）将鼠标指向相邻两列分界线，出现拖动箭头光标时拖动鼠标，按标准要求调整各列宽度，并使整个明细表与标题栏宽度相同，结果如图 6.97 所示。

5	螺母	1	45	GB/T6170 M10
4	垫圈	1	45	GB/T97.2 10
3	螺栓	1	45	GB/T5783 M10X40
2	被连接件2	1	45	LJ-002
1	被连接件1	1	45	LJ-001
序号	名称	数量	材料	备注

图 6.97　填写零件明细表信息

（14）选择明细表中所有文字，右击，在弹出的快捷菜单中选择"设置"命令，弹出"设置"对话框。在"文字"节点中设置明细表中文本大小等数据，选择文本类型为"仿宋"；在"公共–单元格"节点中设置文本对齐方式为"中心"，单击对话框中的"关闭"按钮，完成明细表文本格式设置。

（15）在零件明细表左上角单击明细表标识符选择整个明细表，右击，在快捷菜单中选择"设置"命令，弹出"设置"对话框。在"公共–排序"节点中的"排序顺序"区域，勾选"序号"复选框，在"零件明细表–工作流程"节点中的"格式"区域，选择"增长方向"下拉列表框中的"向上"，单击对话框中的"关闭"按钮完成明细表栏目顺序的设置。

（16）选择需要标注 ID 符号的主视图，选择菜单【编辑】|【视图】|【显示符号标注】，为零件明细表创建关联的圆形 ID 符号。选择所有 ID 符号，从右键快捷菜单中选择"设置"命令，弹出"设置"对话框，在"直线/箭头–箭头"节点中，选择"指引线"区域"类型"下拉列表框中的"填充圆点"，设置"格式"区域中"圆点直径"大小为3；选择"文字"节点，设置"文本参数"区域中的"高度"为 5；选择"符号标注"节点，在"设置"区域中设置"大小"为10，单击"关闭"按钮，用鼠标按住 ID 符号拖动调整排放位置，完成装配图全部设计内容，结果如图 6.98 所示。

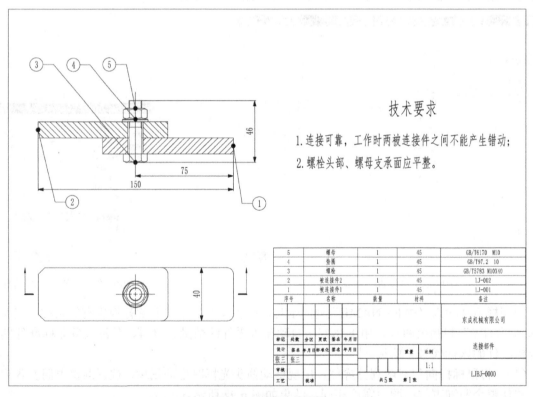

图 6.98　装配工程图

思考题与操作题

6-1　思考题

6-1.1　用 UG NX 1980 建立平面工程图的一般过程是怎样的？

6-1.2　工程图与草图都是平面图，两者有何区别？

6-1.3　建立图纸页时选定的投影角在修改图纸页时能否更改？

6-1.4　如何修改 ID 符号的大小及符号中数字的大小？

6-2　操作题

6-2.1　打开下载文件 CH6\CZLX\6.2.1，标注图 6.99 所示尺寸。

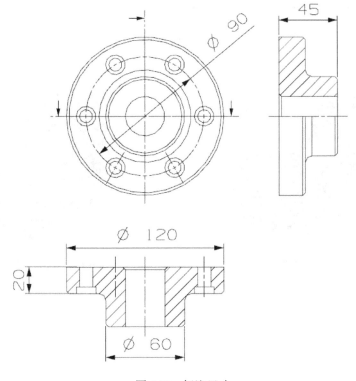

图 6.99　标注尺寸

6-2.2　创建如图 6.100 所示的线框，并作为 A4 幅面的工程图样保存为 BTL-A4.prt。

6-2.3　打开下载文件 CH6\CZLX\6.2.3.prt，并采用上题创建的工程图样按 2∶1 比例生成如图 6.101 所示滚轮零件的工程图。

6-2.4　打开下载文件 CH6\CZLX\6.2.4.prt，并采用题 6-2.2 创建的工程图样（标题栏部分框格需按装配图要求修改），按 2∶1 比例生成如图 6.102 所示滚轮装配件的装配工程图。

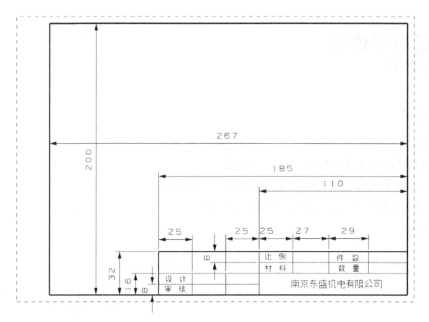

图 6.100　创建图样

图 6.101　滚轮零件

图 6.102　滚轮装配件

第7章

综合实例一

台虎钳是夹持、固定工件以便进行加工的一种工具，使用十分广泛，是钳工必备工具，钳工的大部分工作都是在台虎钳上完成的，比如锯、锉、錾以及零件的装配和拆卸。本章主要介绍其结构、工作原理，以及创建其零件模型、装配模型及工程图的操作过程。

7.1 台虎钳的结构与工作原理

台虎钳装配示意图如图 7.1 所示。它是利用螺杆或其他机构使固定钳口和活动钳口做相对移动而夹持工件的工具。钳座通过螺栓固定在钳工台上，其结构尺寸如图 7.2 所示。

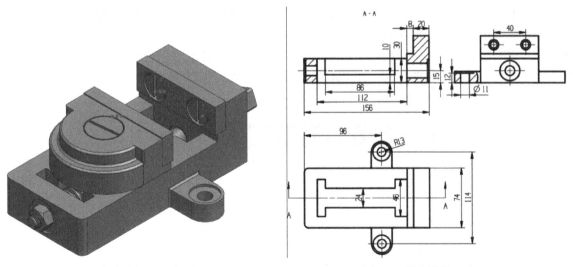

图 7.1 台虎钳装配示意图   图 7.2 钳座结构尺寸

钳口板(又称夹持面)工作面上制有交叉的网纹，使工件夹紧后不易产生滑动，通过内六角螺钉分别固定在活动钳口和固定钳口上，钳口板损坏或磨损后可以进行更换。钳口板的结构尺寸如图 7.3 所示，螺钉结构尺寸如图 7.4 所示，活动钳口结构尺寸如图 7.5 所示。

台虎钳的方块螺母（活动钳体）下部为方形，装在固定钳座的方孔内，可以移动。方块螺母的结构尺寸如图 7.6 所示。

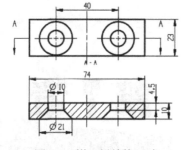

图 7.3 钳口板结构尺寸

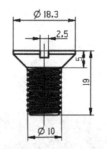

图 7.4 螺钉结构尺寸

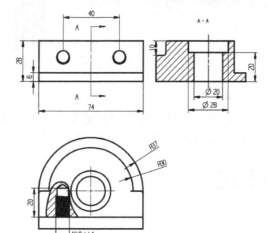

图 7.5 活动钳口结构尺寸

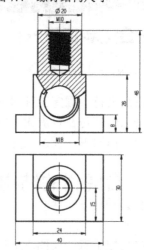

图 7.6 方块螺母结构尺寸

　　螺杆上制有梯形螺纹，它穿过活动钳体的孔眼，一端以垫圈限制在活动钳体上，另一端则旋入方块螺母中，方块螺母在固定钳体上，旋转摇手柄，使丝杆在导螺母内前后移位，并带动活动钳体在固定钳座内作相应的移动，从而使两钳口合拢或张开。螺杆结构尺寸如图 7.7 所示，其他部件螺母结构尺寸如图 7.8 所示，沉头螺钉结构尺寸如图 7.9 所示。

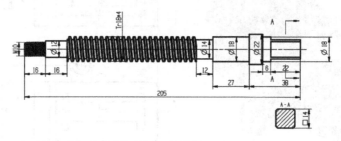

图 7.7 螺杆结构尺寸

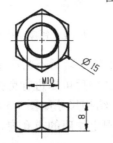

图 7.8 螺母结构尺寸

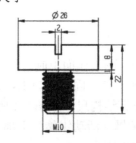

图 7.9 沉头螺钉结构尺寸

7.2　台虎钳部分主要零件设计

7.2.1　钳座设计

1. 新建部件文件

启动 UG NX 1980 软件，选择菜单【文件】|【新建】，弹出"新建"对话框，在模板中选择"模型"模板，单位设置为"毫米"，新建部件文件"钳座.prt"，进入建模模板。

2. 三维建模

（1）单击"基本"工具条中的"块"按钮 ⬡，或选择菜单【插入】|【设计特征】|【块】，系统弹出"块"对话框，选择"原点与边长"建模方式，以 ZC 正方向为轴线方向，指定点（0，0，0）作为原点位置，输入（156，74，30），单击"确定"按钮完成创建，生成如图 7.10 所示的长方体。

（2）选择菜单【插入】|【设计特征】|【块】，系统弹出"块"对话框，选择"原点与边长"建模方式，以 ZC 正方向为轴线方向，指定点（127，0，30）作为原点位置，输入（27，74，27），在布尔运算中选择"合并"，选择合并的体为图 7.10 所示的长方体，单击"确定"按钮完成创建，生成如图 7.11 所示的合并块。

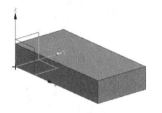

图 7.10　创建长方体

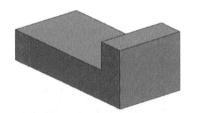

图 7.11　生成合并块 1

（3）选择菜单【插入】|【设计特征】|【块】，系统弹出"块"对话框，选择"原点与边长"建模方式，以 ZC 正方向为轴线方向，指定点（127，0，36）作为原点位置，输入（7，74，22），在布尔运算中选择"减去"，单击"确定"按钮完成创建，生成如图 7.12 所示的合并块。

（4）选择菜单【插入】|【草图】，弹出"创建草图"对话框，选择大长方体上表面作为草图平面进行绘制草图，生成如图 7.13 所示的草图。

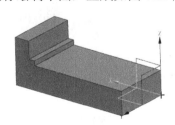

图 7.12　生成合并块 2

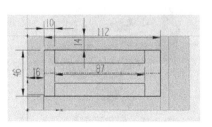

图 7.13　创建草图

（5）单击"基本"工具条中的"拉伸"按钮 ⬡，或选择菜单【插入】|【设计特征】|【拉伸】，弹出"拉伸"对话框，选择图 7.14 所示高亮显示曲线，以 ZC 反方向为矢量方向，拉伸

距离为 30，在布尔运算中选择"减去"，单击"确定"按钮完成创建。继续单击"基本"工具条中的"拉伸"按钮，选择图 7.15 所示高亮显示曲线，拉伸距离为 20，以 ZC 反方向为矢量方向，在布尔运算中选择"合并"，单击"确定"按钮完成创建，生成如图 7.15 所示的块中间部分。

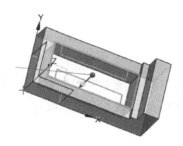

图 7.14　选取截面曲线

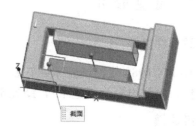

图 7.15　生成块中间部分

（6）选择菜单【插入】|【草图】，弹出"创建草图"对话框，选择大长方体下表面作为草图平面，绘制如图 7.16 所示的耳板草图，并进行拉伸，步骤同上，生成如图 7.17 所示的耳板。

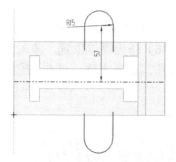

图 7.16　绘制耳板草图

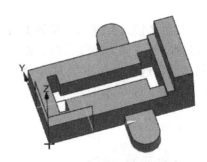

图 7.17　创建耳板

（7）单击"基本"工具条上的"孔"按钮，或选择菜单【插入】|【设计特征】|【孔】，弹出"孔"对话框，在下拉列表中选择孔的类型为"沉头孔"，"孔大小"选择"定制"，输入孔径 11、沉头直径 26、沉头深度 2，单击选项条中的"捕捉点"，在下拉选项中找到"圆弧中心"，选择图 7.17 所示耳板顶面圆心作为孔口的中心位置；在"孔方向"下拉列表中选择"沿矢量"；单击"确定"按钮完成创建，生成如图 7.18 所示的沉头孔。其他孔创建过程同上述步骤，最终生成如图 7.19 所示的钳座。

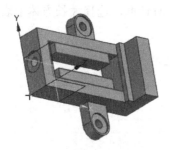

图 7.18　创建沉头孔

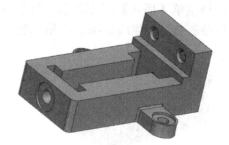

图 7.19　钳座模型

3. 绘制工程图

（1）进入制图模块后，单击"主页"选项卡中的"新建图纸页"按钮，或者选择菜单【插

入】|【图纸页】，弹出"图纸页"对话框，单位设置为"毫米"，在模板中选择"A4-无视图"模板，名称默认，单击"确定"按钮创建横向放置的 A4 图纸页。

（2）单击"主页"选项卡上"视图"组中的"基本视图"按钮，或选择菜单【插入】|【视图】|【基本】，系统弹出"基本视图"对话框。在对话框"模型视图"区域中的下拉选项中选择"俯视图"，单击"确定"按钮返回"基本视图"对话框，在"比例"区域的比例下拉选项中选择比例"1：1"，将其放在图纸适当位置，单击生成如图 7.20 所示的俯视图。

（3）单击"主页"选项卡上"视图"组中的"剖视图"按钮，弹出"剖视图"对话框。在对话框"剖切线"区域中，下拉"定义"选项框选择"动态"，下拉"方法"选项框选择"简单剖/阶梯剖"，以俯视图中的前后对称平面作为"截面线段"的指定位置，单击该指定位置，将剖视图移动到相应位置，单击生成如图 7.21 所示的剖视图。

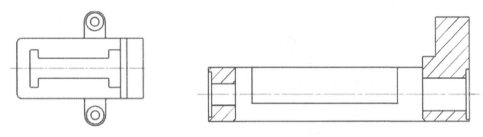

图 7.20 添加俯视图   图 7.21 添加剖视图

（4）单击"主页"选项卡上"视图"组中的"基本视图"按钮。在对话框"模型视图"区域中的下拉选项中选择"左视图"，单击"确定"按钮返回"基本视图"对话框；在"比例"区域的比例下拉选项中选择比例"1：1"，将其放在图纸适当位置，单击生成如图 7.22 所示的左视图。

（5）右击左视图的边框，单击"激活草图"选项，选择"草图"工具条中草图区域的"样条"，绘制局部剖视图的边界线。单击"主页"工具条中视图区域的"局部剖视图"按钮，系统弹出"局部剖视图"对话框。选择图 7.22 所示的左视图作为要剖切的视图，选择图 7.23 所绘制的边界内的点作为基点，选择绘制的艺术样条作为局部剖视图的边界线，单击"确定"按钮完成创建，生成如图 7.23 所示的局部剖视图。

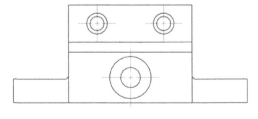
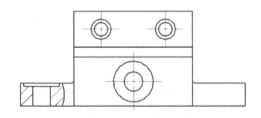

图 7.22 添加左视图   图 7.23 添加局部剖视图

（6）选择菜单【文件】|【首选项】|【制图】，系统弹出"制图首选项"对话框，在左侧选择框内单击"文本"，单击"单位"，左侧出现"单位选择框"，设置单位为"毫米"，小数位数为 0，小数分隔符为句点，取消选中"显示后置零"复选框。

（7）单击"尺寸"工具条上的相应按钮，标注水平尺寸、竖直尺寸、圆柱尺寸等，结果如图 7.24 所示。

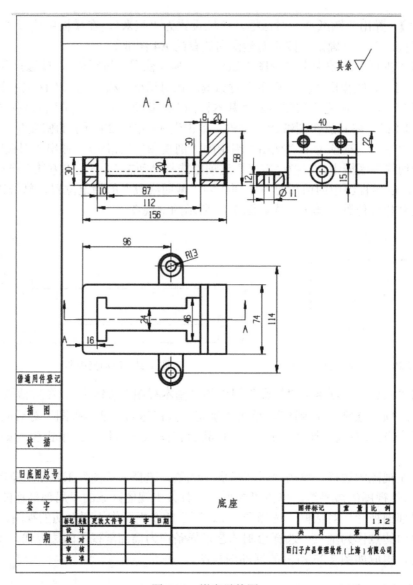

图 7.24　钳座零件图

7.2.2　方块螺母设计

1. 新建部件文件

选择菜单【文件】|【新建】，弹出"新建"对话框，在模板中选择"模型"模板，单位设置为"毫米"，新建部件文件"方块螺母.prt"，进入建模模板。

2. 三维建模

（1）选择菜单【插入】|【草图】，弹出"创建草图"对话框，选择 YZ 平面作为草图平面，绘制如图 7.25 所示的草图。

（2）选择菜单【插入】|【设计特征】|【拉伸】，弹出"拉伸"对话框，选择所有曲线，以 Y 轴方向为矢量方向，拉伸距离输入 30，单击"确定"按钮完成创建，生成如图 7.26 所示拉伸体。

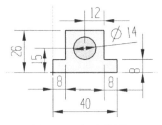

图 7.25　创建草图

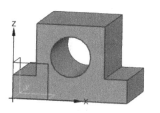

图 7.26　拉伸

（3）选择菜单【插入】|【设计特征】|【圆柱】，弹出"圆柱"对话框，选择"轴、直径和高度"建模方式，以 ZC 正方向为轴线方向，指定点（20，15，26）作为底面圆心位置，输入直径 20、高度 20，在布尔运算中选择"合并"，单击"确定"按钮完成创建，生成如图 7.27 所示的圆柱体。再利用螺纹命令完成两个螺纹孔，最终生成如图 7.28 所示的螺纹孔。

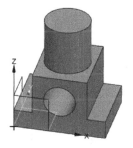

图 7.27　创建圆柱体

图 7.28　创建螺纹孔

3．绘制工程图

（1）进入制图模块后，单击"主页"选项卡中的"新建图纸页"按钮，或者选择菜单【插入】|【图纸页】，弹出"图纸页"对话框，单位设置为"毫米"，在模板中选择"A4-无视图"模板，名称默认，点击"确定"按钮创建横向放置的 A4 图纸页。

（2）单击"主页"选项卡上"视图"组中的"基本视图"按钮，弹出"基本视图"对话框。在对话框"模型视图"区域中的下拉选项中选择"前视图"，单击"确定"按钮返回"基本视图"对话框，在"比例"区域的比例下拉选项中选择比例"2∶1"，将其放在图纸适当位置，生成如图 7.29 所示前视图。

（3）右击前视图的边框，单击"激活草图"选项，选择"草图"工具条中草图区域的"样条"按钮，绘制如图 7.30 所示的局部剖视图的边界线。单击"主页"选项卡中视图区域的"局部剖视图"按钮，系统弹出"局部剖视图"对话框。选择图 7.29 所示的前视图作为要剖切的视图，选择图 7.30 所绘制的边界内的点作为基点，选择绘制的艺术样条作为局部剖视图的边界线，单击"确定"按钮完成创建，生成如图 7.31 所示的局部剖视图。

（4）单击"主页"选项卡中视图区域的"基本视图"按钮，系统弹出"基本视图"对话框。在对话框"模型视图"区域中的下拉选项中选择"俯视图"，单击"确定"按钮返回"基本视图"对话框；在"比例"区域的比例下拉选项中选择比例"2∶1"，将其放在图纸适当位置，生成如图 7.32 所示的俯视图。

（5）选择菜单【文件】|【首选项】|【制图】，系统弹出"制图首选项"对话框，在左侧选择框内选择"文本"，再选择"单位"，左侧出现"单位选择框"，设置单位为"毫米"，小数位数为 0，小数分隔符为句点，取消选中"显示后置零"复选框。

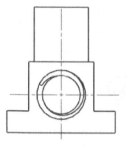 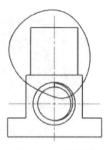 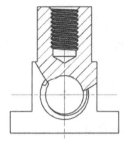 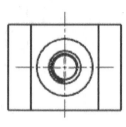

图 7.29　添加前视图　　　图 7.30　边界线　　　图 7.31　局部剖视图　　　图 7.32　添加俯视图

（6）单击"尺寸"工具条上的相应按钮，标注水平尺寸、竖直尺寸、圆柱尺寸等，结果如图 7.33 所示。

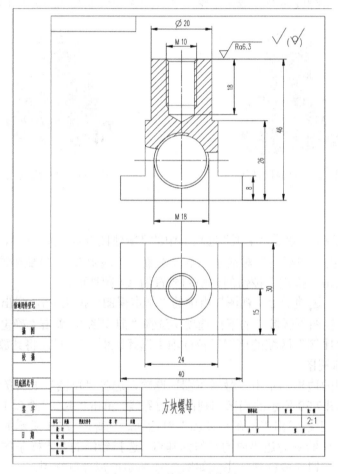

图 7.33　方块螺母零件图

7.2.3　螺杆设计

1．新建部件文件

选择菜单【文件】|【新建】，弹出"新建"对话框，在模板中选择"模型"模板，单位设置为"毫米"，新建部件文件"螺杆.prt"，进入建模模板。

2．三维建模

（1）选择菜单【插入】|【草图】，弹出"创建草图"对话框，选择 YZ 平面作为草图平面，绘制如图 7.34 所示草图。

（2）完成草图后，选择菜单【插入】|【设计特征】|【拉伸】，弹出"拉伸"对话框，选择正方形四条边及圆内部圆弧相应曲线，以 X 轴正方向为矢量方向，拉伸距离输入 22，单击"确定"按钮完成创建，生成如图 7.35 所示的拉伸块。

（3）选择菜单【插入】|【设计特征】|【拉伸】，弹出"拉伸"对话框，选择圆曲线，以 X 轴反方向为矢量方向，拉伸距离输入 6，单击"确定"按钮完成创建，生成如图 7.36 所示的圆柱体。

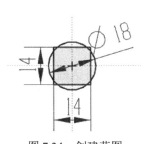
图 7.34　创建草图

图 7.35　拉伸块

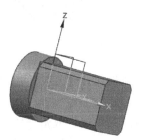
图 7.36　拉伸圆柱体

（4）选择菜单【插入】|【设计特征】|【拉伸】，弹出"拉伸"对话框，选择上一步拉伸圆柱端面圆，以 X 轴反方向为矢量方向，拉伸距离输入 10，偏置处选择单侧，偏置值输入 2，单击"确定"按钮完成创建。根据第一节所给结构尺寸数据，多次重复此步骤，生成如图 7.37 所示结果。

图 7.37　创建螺杆

（5）选择菜单【插入】|【设计特征】|【螺纹】，弹出"螺纹"对话框，选择中间大圆柱面，螺纹标准选择第三个"Metric Trapezoidal"，螺纹长度输入 76，单击"应用"按钮，系统再次弹出"螺纹"对话框，选择左端圆柱面，螺纹标准选择第一个普通螺纹，螺纹长度输入 16，单击"确定"按钮完成创建，生成如图 7.38 所示的螺纹。

图 7.38　创建螺纹

3．绘制工程图

（1）进入制图模块后，选择菜单【插入】|【图纸页】，弹出"图纸页"对话框，单位设置为"毫米"，在模板中选择"A3-无视图"模板，名称默认，单击"确定"按钮创建横向放置的 A3 图纸页。

（2）单击"主页"选项卡中视图区域的"基本视图"按钮 🔧，系统弹出"基本视图"对话框。在对话框"模型视图"区域中的下拉选项中选择"左视图"，单击"定向视图工具"按钮 🔄，将视图调整到合适位置，单击"确定"按钮返回"基本视图"对话框；在"比例"区域的比例下拉选项中选择比例"1:1"，将其放在图纸适当位置，生成如图 7.39 所示的左视图。

（3）单击"主页"选项卡中视图区域的"剖视图"按钮 🔳，系统弹出"剖视图"对话框。在对话框"剖切线"区域中，下拉"定义"选项框选择"动态"，下拉"方法"选项框选择"简单剖/阶梯剖"，以左视图中 $\phi 22$ 的轴线作为"截面线段"的指定位置，单击该指定位置，将剖视图移动到相应位置，生成如图 7.40 所示剖视图。

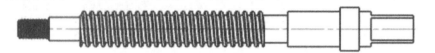

图 7.39　添加左视图　　　　　　　　　　　　　　　　图 7.40　剖视图

（4）选择菜单【文件】|【首选项】|【制图】，弹出"制图首选项"对话框，在左侧选择框内单击"文本"，单击"单位"，左侧出现"单位选择框"，设置单位为"毫米"，小数位数为 0，小数分隔符为句点，取消选中"显示后置零"复选框。

（5）单击"尺寸"工具条上的相应按钮，标注水平尺寸、竖直尺寸、圆柱尺寸等，结果如图 7.41 所示。

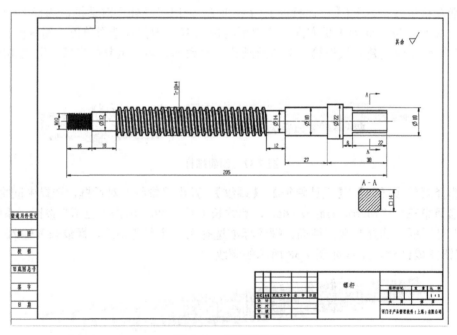

图 7.41　螺杆零件图

7.2.4　钳口板设计

1. 新建部件文件

选择菜单【文件】|【新建】，弹出"新建"对话框，在模板中选择"模型"模板，单位设置为"毫米"，新建部件文件"钳口板.prt"，进入建模模板。

2．三维建模

（1）选择菜单【插入】|【设计特征】|【块】，弹出"块"对话框，选择"原点与边长"建模方式，以 Y 轴正方向为轴线方向，指定点（0，0，0）作为原点位置，输入（74，23，10），单击"确定"按钮完成创建，生成如图 7.42 所示的长方体。

（2）选择菜单【插入】|【设计特征】|【孔】，弹出"孔"对话框。在下拉列表中选择孔的类型为"埋头孔"，孔径输入 10，埋头直径输入 21，埋头角度输入 70，指定点在长方体上表面坐标（17，11.5）处，单击"确定"按钮完成创建。单击"基准平面"命令按钮 ◇ ，选中长方体左右两侧面，建立基准平面，并以此作为镜像面，通过"镜像特征"命令按钮 ，镜像埋头孔特征，完成如图 7.43 所示的建模结果。

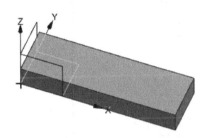
图 7.42　创建长方体

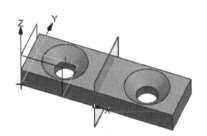
图 7.43　创建埋头孔

3．绘制工程图

（1）进入制图模块后，单击"主页"选项卡中的"新建图纸页"按钮 ，弹出"图纸页"对话框，单位设置为"毫米"，在模板中选择"A4-无视图"模板，名称默认，单击"确定"按钮创建横向放置的 A4 图纸页。

（2）单击"主页"选项卡中视图区域的"基本视图"按钮 ，系统弹出"基本视图"对话框。在对话框"模型视图"区域中的下拉选项中选择"俯视图"，单击"确定"按钮返回"基本视图"对话框；在"比例"区域的比例下拉选项中选择比例"2∶1"，将其放在图纸适当位置，单击生成如图 7.44 所示的俯视图。

（3）单击"主页"选项卡中视图区域的"剖视图"按钮 ，系统弹出"剖视图"对话框。在对话框"剖切线"区域中，下拉"定义"选项框选择"动态"，下拉"方法"选项框选择"简单剖/阶梯剖"，以俯视图中底座的前后对称平面作为"截面线段"的指定位置，单击该指定位置，将剖视图移动到相应位置，单击生成如图 7.45 所示的剖视图。

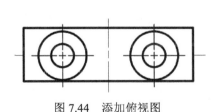
图 7.44　添加俯视图

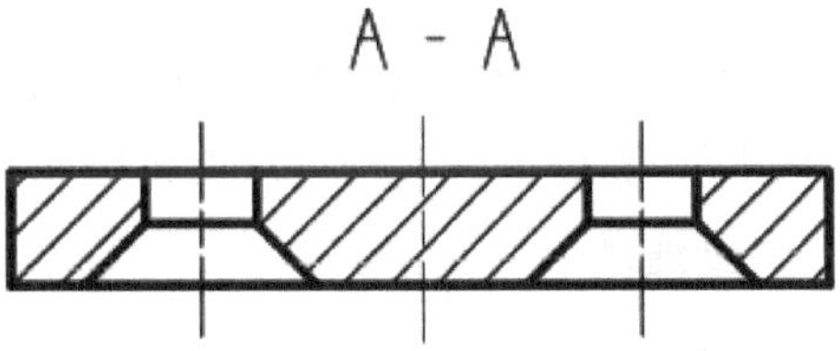

A - A

图 7.45　添加剖视图

（4）选择菜单【文件】|【首选项】|【制图】，弹出"制图首选项"对话框，在左侧选择框内单击"文本"，单击"单位"，左侧出现"单位选择框"，设置单位为"毫米"，小数位数为 0，小数分隔符为句点，取消选中"显示后置零"复选框。

（5）单击"尺寸"工具条上的相应按钮，标注视图上水平尺寸、竖直尺寸、圆柱尺寸和倒角尺寸等，结果如图 7.46 所示。

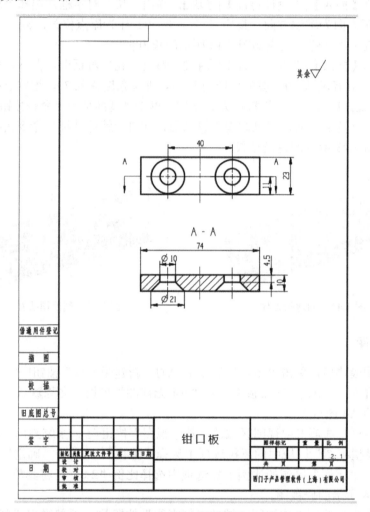

图 7.46　钳口板零件图

7.2.5　活动钳口设计

1．新建部件文件

选择菜单【文件】|【新建】，弹出"新建"对话框，在模板中选择"模型"模板，单位设置为"毫米"，新建部件文件"活动钳口.prt"，进入建模模板。

2．三维建模

（1）选择菜单【插入】|【草图】，弹出"创建草图"对话框，选择 XY 平面作为草图平面，绘制如图 7.47 所示草图。

（2）完成草图后，选择菜单【插入】|【设计特征】|【拉伸】，选择最外面 4 条曲线，以 Z 轴正方向为矢量方向，输入拉伸距离 27，单击"确定"按钮完成创建，生成如图 7.48 所示的拉伸体。

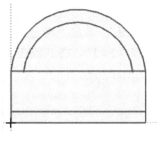

图 7.47　创建草图　　　　　　　　　　　　图 7.48　创建拉伸体

（3）选择菜单【插入】|【设计特征】|【拉伸】，弹出"拉伸"对话框，选择图 7.49 所示 4 条曲线，以 X 轴正方向为矢量方向，拉伸起始距离输入 6，终止距离输入 27，在布尔运算中选择"减去"，单击"应用"按钮完成创建；再次选择图 7.50 所示截面曲线，以 X 轴正方向为矢量方向，拉伸起始距离输入 18，终止距离输入 27，在布尔运算中选择"减去"，单击"确定"按钮完成创建，生成如图 7.51 所示结果。

图 7.49　选择截面曲线 1　　　　图 7.50　选择截面曲线 2　　　　图 7.51　拉伸

（4）选择菜单【插入】|【设计特征】|【孔】，弹出"孔"对话框。在下拉列表中选择孔的类型为"沉头孔"，"孔大小"选择"定制"，输入孔径 20、沉头直径 27、沉头深度 7，位置指定点选择上表面处（37，27，27）坐标点，在"孔方向"下拉列表中选择"垂直于面"，单击"确定"按钮完成创建，生成如图 7.52 所示沉头孔。用同样方法创建另两个螺钉孔，生成如图 7.53 所示结果。

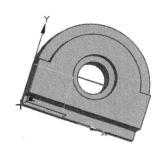

图 7.52　创建沉头孔　　　　　　　　　　图 7.53　创建螺钉孔

3．绘制工程图

（1）进入制图模块后，选择菜单【插入】|【图纸页】，弹出"图纸页"对话框，单位设置为"毫米"，在模板中选择"A4-无视图"模板，名称默认，单击"确定"按钮创建横向放置的 A4 图纸页。

（2）单击"主页"选项卡中视图区域的"基本视图"按钮 🖼，系统弹出"基本视图"对话框。在对话框"模型视图"区域的下拉选项中选择"前视图"，单击"确定"按钮返回"基本视图"对话框，在"比例"区域的比例下拉选项中选择比例"1:1"，将其放在图纸适当位置，单击生成如图 7.54 所示前视图。按相同步骤生成如图 7.55 所示俯视图。

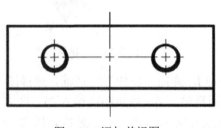

图 7.54　添加前视图

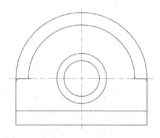

图 7.55　添加俯视图

（3）右击俯视图的边框，单击"激活草图"选项，单击"草图"工具条中草图区域的"样条"按钮 ✎，绘制如图 7.56 所示局部剖视图的边界线。单击"主页"选项卡中视图区域的"局部剖视图"按钮 🖼，系统弹出"局部剖视图"对话框。选择图 7.55 的俯视图作为要剖切的视图，选择图 7.56 所绘制的边界内的点作为基点，选择绘制的艺术样条作为局部剖视图的边界线，单击"确定"按钮完成创建，生成如图 7.57 所示局部剖视图。

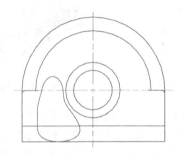

图 7.56　添加边界线

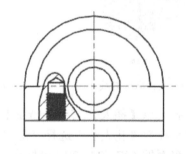

图 7.57　添加局部剖试图

（4）单击"主页"选项卡中视图区域的"剖视图"按钮 🖼，系统弹出"剖视图"对话框。在对话框"剖切线"区域中，下拉"定义"选项框选择"动态"，下拉"方法"选项框选择"简单剖/阶梯剖"，以前视图中的左右对称平面作为"截面线段"的指定位置，将剖视图移动到相应位置，单击生成如图 7.58 所示剖视图。

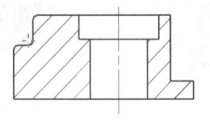

图 7.58　添加剖视图

（5）单击"尺寸"工具条上的相应按钮，标注水平尺寸、竖直尺寸、圆柱尺寸等，结果如图 7.59 所示。

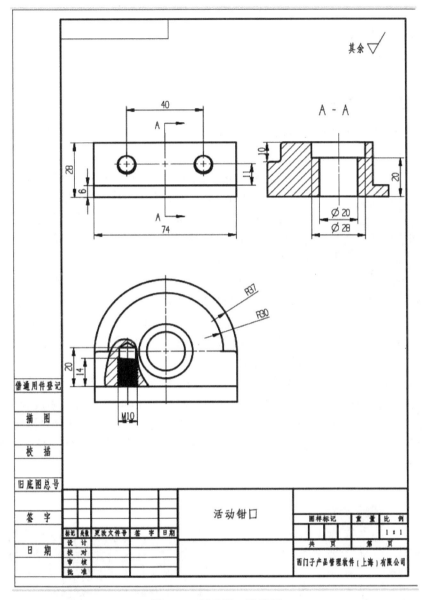

图 7.59　活动钳口零件图

　　螺母、螺钉、沉头螺钉建模过程简单，在此不再重复，根据前述结构尺寸，沉头螺钉建模结果如图 7.60 所示，螺钉建模结果如图 7.61 所示，螺母建模结果如图 7.62 所示。

图 7.60　沉头螺钉

图 7.61　螺钉

图 7.62　螺母

7.3　台虎钳装配设计

7.3.1　装配各部件

（1）新建文件：启动 UG NX 1980 软件，单击"新建"按钮 ，在模板中选择"装配"模板，单位设置为"毫米"，新建部件文件"台虎钳装配.prt"，进入装配模板。

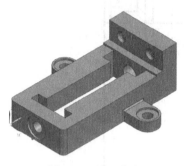

（2）导入底座：单击"装配"选项卡中的"添加组件"按钮 ，系统弹出"添加组件"对话框，单击"打开"按钮 ，选择"钳座.prt"，单击"确定"按钮。选择"装配位置"为"绝对坐标系.显示部件"，单击"确定"按钮完成创建，结果如图 7.63 所示。

（3）导入其他部件：单击"装配"选项卡中的"添加组件"按钮 ，系统弹出"添加组件"对话框，单击"打开"按钮 ，依次选择其他部件，单击"确定"按钮，选择"装配位置"为"绝对坐标系.工作部件"，选择"放置"为"移动"，单击"确定"按钮完成创建。

图 7.63　导入底座

（4）装配钳口板：在"装配"选项卡中单击"装配约束"按钮 ，系统弹出"装配约束"对话框，在"约束"区域中选择"接触对齐"选项，选取图 7.64 所示的钳座接触平面，再选取图 7.65 所示的钳口板接触平面，单击"应用"按钮；在"约束"区域中选择"接触对齐"选项，选取图 7.66 所示的钳座孔中心线和图 7.67 所示的钳口板对应孔的中心线，单击"确定"按钮完成约束，装配结果如图 7.68 所示。

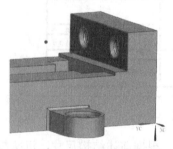

图 7.64　钳座接触平面

图 7.65　钳口板接触平面

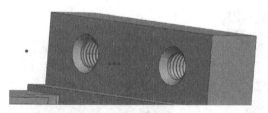

图 7.66　钳座孔中心线

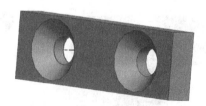

图 7.67　钳口板对应孔的中心线

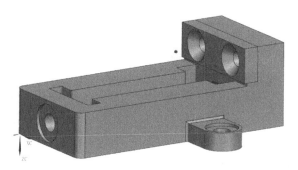

图 7.68　装配结果

（5）装配螺钉：在"装配"功能选项卡中单击"装配约束"按钮，系统弹出"装配约束"对话框，在"约束"区域中选择"接触对齐"选项，在"要约束的几何体"区域的"方位"下拉列表中选择"自动判断中心/轴"，选择图 7.69 所示的螺钉中心线和钳口板螺纹孔的中心线，单击"应用"按钮；在"要约束的几何体"区域的"方位"下拉列表中选择"接触"，选取图 7.70 所示的钳口板螺纹孔顶面和螺钉斜面，单击"确定"按钮完成约束。选择菜单【装配】|【组件】|【阵列组件】，弹出"阵列组件"对话框，对螺钉进行线性阵列，矢量方向选择 X 轴正向，距离输入 40，单击"确定"按钮完成约束，装配结果如图 7.71 所示。

图 7.69　自动判断中心/轴　　　　　　图 7.70　接触约束

（6）装配方块螺母：在"装配"选项卡中单击"装配约束"按钮，系统弹出"装配约束"对话框，在"约束"区域中选择"接触对齐"选项，选择图 7.72 所示的方块螺母图示平面和钳座图示平面，单击"应用"按钮；在"约束"区域中选择"中心"选项，子类型选择"2 对 2"，分别选取图 7.73 所示方块螺母两侧两平面和钳座两侧两平面，单击"确定"按钮完成约束，装配结果如图 7.74 所示。

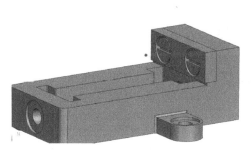
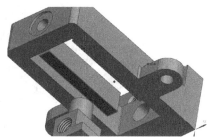
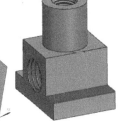

图 7.71　阵列组件　　　　　　　　　图 7.72　接触对齐

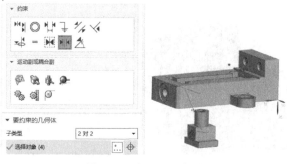

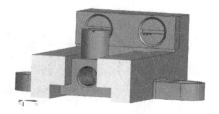

图 7.73　中心"2 对 2"　　　　　　　　　图 7.74　装配结果

（7）装配活动钳口：在"装配"选项卡中单击"装配约束"按钮 ，系统弹出"装配约束"对话框，在"约束"区域中选择"接触对齐"选项，在"要约束的几何体"区域的"方位"下拉列表中选择"自动判断中心/轴"，选取图 7.75 所示方块螺母螺纹孔中心线，再选取活动钳口螺纹孔中心线，单击"应用"按钮；在"要约束的几何体"区域的"方位"下拉列表中选择"接触"，选取图 7.76 所示的钳座上平面和活动钳口下平面，单击"应用"按钮；在"约束"区域中选择"平行"选项，选取图 7.77 所示的方块螺母侧平面和钳口板侧平面，单击"确定"按钮完成约束，装配结果如图 7.78 所示。

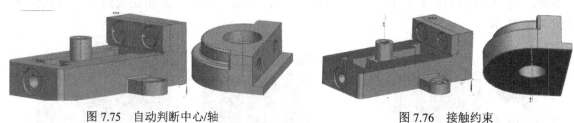

图 7.75　自动判断中心/轴　　　　　　　　图 7.76　接触约束

图 7.77　平行约束

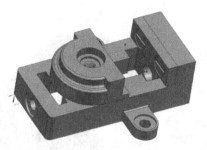

图 7.78　装配结果

（8）装配沉头螺钉：在"装配"选项卡中单击"装配约束"命令 ，系统弹出"装配约束"对话框，在"约束"区域中选择"接触对齐"选项，选取图 7.79 所示的活动钳口上沉头孔端面和沉头螺钉底面，单击"应用"按钮；在"要约束的几何体"区域的"方位"下拉列表中选择"自动判断中心/轴"，选择沉头孔中心线和沉头螺钉的中心线，单击"确定"按钮完成约束，装配结果如图 7.80 所示。

 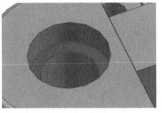 

图 7.79　接触约束　　　　　　　　　　　　　　　　图 7.80　装配结果

（9）装配另一个钳口板：在"装配"选项卡中单击"装配约束"按钮，系统弹出"装配约束"对话框，在"约束"区域中选择"接触对齐"选项，选取如图 7.81 所示钳口板底平面和活动钳口侧平面，单击"应用"按钮；在"要约束的几何体"区域的"方位"下拉列表中选择"自动判断中心/轴"，选取活动钳口孔对应中心线和钳口板对应孔的中心线，单击"确定"按钮完成约束，装配结果如图 7.82 所示。

 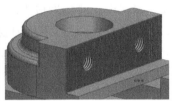 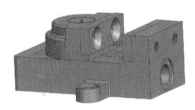

图 7.81　接触约束　　　　　　　　　　　　　　　　图 7.82　装配结果

（10）装配螺钉：装配步骤同上述步骤（5），装配结果如图 7.83 所示。

（11）装配螺杆：在"装配"选项卡中单击"装配约束"按钮，系统弹出"装配约束"对话框，在"约束"区域中选择"接触对齐"选项，选取如图 7.84 所示钳座沉头孔接触平面和螺杆大直径处端面，单击"应用"按钮；在"要约束的几何体"区域的"方位"下拉列表中选择"自动判断中心/轴"，选取如图 7.85 所示钳座沉头孔中心线和螺杆中心线，单击"确定"按钮完成约束，装配结果如图 7.86 所示。

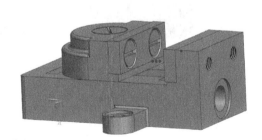

图 7.83　装配结果

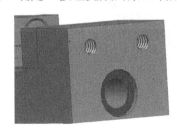 

图 7.84　接触约束

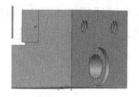

图 7.85　自动判断中心/轴

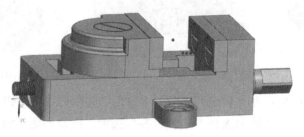

图 7.86　装配结果

（12）装配螺母：在"装配"选项卡中单击"装配约束"按钮 ，系统弹出"装配约束"
对话框，在"约束"区域中选择"接触对齐"选项，在"要约束的几何体"区域的"方位"下
拉列表中选择"自动判断中心/轴"，选取螺杆中心线和螺母中心线，单击"应用"按钮，结果
如图 7.87 所示；在"要约束的几何体"区域的"方位"下拉列表中选择"接触"，先隐藏钳座
选取螺母端面，再隐藏螺母选取钳座沉头孔底面，如图 7.88 所示，单击"确定"按钮完成约束，
装配结果如图 7.89 所示。

图 7.87　自动判断中心/轴

图 7.88　接触约束

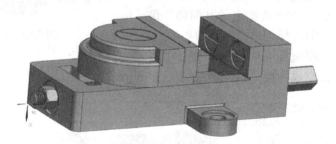

图 7.89　装配结果

7.3.2　绘制装配工程图

（1）进入制图模块后，单击"主页"选项卡中的"新建图纸页"按钮 ，或者选择菜单【插
入】|【图纸页】，弹出"图纸页"对话框，单位设置为"毫米"，在模板中选择"A3-无视图"

模板，名称默认，点击"确定"按钮创建立向放置的 A3 图纸页。

（2）单击"主页"选项卡中视图区域的"基本视图"按钮 ，系统弹出"基本视图"对话框。在对话框"模型视图"区域中的下拉选项中选择"俯视图"，在"比例"区域的比例下拉选项中选择比例"1:1"，将其放在图纸适当位置，结果如图 7.90 所示。

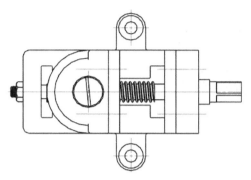

图 7.90　添加俯视图

（3）单击"主页"选项卡中视图区域的"剖视图"按钮 ，系统弹出"剖视图"对话框。在对话框"剖切线"区域中，下拉"定义"选项框选择"动态"，下拉"方法"选项框选择"简单剖/阶梯剖"，以俯视图中底座的前后对称平面作为"截面线段"的指定位置，单击该指定位置，将剖视图移动到相应位置，完成全剖视图的创建，结果如图 7.91 所示。

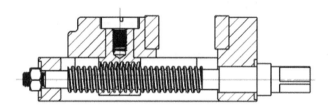

图 7.91　添加剖视图

（4）单击"主页"选项卡中视图区域的"剖视图"按钮 ，系统弹出"剖视图"对话框。在对话框"剖切线"区域中，下拉"定义"选项框选择"动态"，下拉"方法"选项框选择"简单剖/阶梯剖"，以图 7.90 中耳板的圆孔的中心轴作为"截面线段"的指定位置，单击该指定位置，将剖视图移动到相应位置，然后按<Esc>键结束，完成全剖视图的创建，结果如图 7.92 所示。

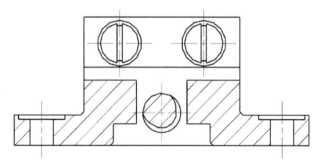

图 7.92　添加全剖视图

（5）选择菜单【插入】|【注释】|【注释】，弹出"注释"对话框，标注各零件的序号。

（6）单击"尺寸"工具条上的相应按钮，标注视图上的装配尺寸、外形尺寸、性能尺寸等。

单击"表格注释"命令，输入列数和行数分别为 5 和 7，移动到指定位置。在表中输入相应的序号、名称、数量及材料等，结果如图 7.93 所示。

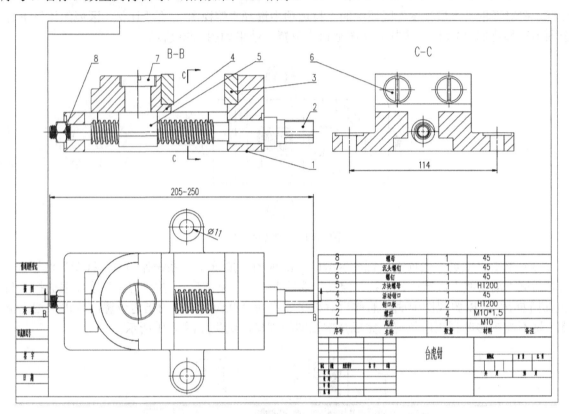

8	螺母	1	45	
7	沉头螺钉	1	45	
6	螺钉	1	45	
5	方块螺母	1	HT200	
4	活动钳口	1	45	
3	钳口板	2	HT200	
2	螺杆	4	M10*1.5	
1	底座	1	M10	
序号	名称	数量	材料	备注

台虎钳

图 7.93 装配工程图

第8章

综合实例二

螺旋千斤顶是简易的小型起重装置，其靠螺纹自锁作用支持重物，构造简单，但传动效率低。本章主要介绍螺旋千斤顶的结构、工作原理，以及创建螺旋千斤顶零件模型、装配模型及工程图的操作过程。

8.1　螺旋千斤顶的结构与工作原理

螺旋千斤顶由 7 个零件组成，装配示意图如图 8.1 所示。底座 1 主要起支承作用，其结构尺寸如图 8.2 所示。螺套 2 结构尺寸如图 8.3 所示，支承在底座 1 上，底座上 $\phi 67$ 的孔与螺套上 $\phi 67$ 的轴段同轴配合；底座上 $\phi 81$ 孔的底面与螺套台阶平面接触；底座与螺套上各有 M12 的半螺纹孔，两者同轴；螺套的内孔有大径 51mm 的矩形牙内螺纹。紧定螺钉 3 结构尺寸如图 8.4 所示，安装时旋入底座 1 与螺套 2 上 M12 的螺纹孔内，使底座与螺套之间作周向定位。紧定螺钉与相应的螺纹孔同轴，紧定螺钉的端面与底座顶面平齐或略低。

螺杆 4 是工作时的主要传力构件，其结构尺寸如图 8.5 所示。大径为 50mm 的矩形牙外螺纹与螺套上的矩形牙内螺纹旋合，产生相对轴向移动；正交方向各有一个 $\phi 22$ 的孔用于插入绞杠 5，端部有 SR25 的球形结构。

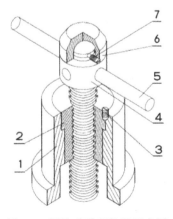

图 8.1　螺旋千斤顶装配示意图

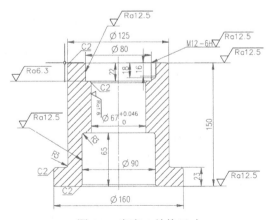

图 8.2　底座 1 结构尺寸

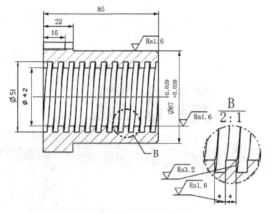

图 8.3 螺套 2 结构尺寸

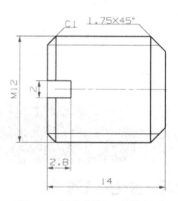

图 8.4 紧定螺钉 3 结构尺寸

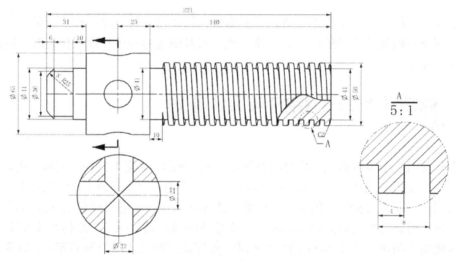

图 8.5 螺杆 4 结构尺寸

绞杠 5 结构尺寸如图 8.6 所示。$\phi20$ 的圆柱面与螺杆上 $\phi22$ 的圆柱孔同轴；工作时用于施加力矩驱使螺杆转动，同时产生轴向移动提升重物。

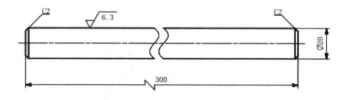

图 8.6 绞杠 5 结构尺寸

压盖 6 结构尺寸如图 8.7 所示。$\phi36$ 的顶面与被提升的重物接触；SR25 的内球面与螺杆上 SR25 的外球面同心接触，产生相对球面运动，既可以保证螺杆转动时千斤顶与被提升物接触部位不会产生磨损，又可以自动消除由于顶部支承面与底座底面倾斜而产生的侧弯的影响；外圆柱面上有 M12 的螺纹孔。

紧定螺钉 7 结构尺寸如图 8.8 所示。M12 的螺纹旋入压盖上 M12 的螺纹孔中，$\phi8.5$ 的圆柱端部顶在螺杆 $\phi36$ 的圆柱面上，既保证压盖在螺杆上可以绕轴线自由转动，又不会脱落。

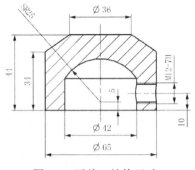

图 8.7　压盖 6 结构尺寸

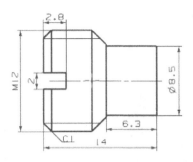

图 8.8　紧定螺钉 7 结构尺寸

8.2　螺旋千斤顶零件设计

8.2.1　底座 1 设计

1. 新建部件文件

启动 UG NX 1980 软件，选择菜单【文件】|【新建】，弹出"新建"对话框。在模板中选择"建模"模板，单位设置为"毫米"，新建部件文件"底座 1.prt"，进入建模模板。

2. 三维建模

（1）选择菜单【插入】|【设计特征】|【圆柱】，弹出"圆柱"对话框。选择"轴、直径和高度"建模方式，以 ZC 正方向为轴线方向，指定点（0，0，0）作为底面圆心位置，输入直径 160，高度 23，单击"确定"按钮完成创建，生成如图 8.9 所示圆柱体。

（2）选择菜单【插入】|【设计特征】|【圆柱】，弹出"圆柱"对话框。选择"轴、直径和高度"建模方式，以 ZC 正方向为轴线方向，指定点（0，0，23）作为底面圆心位置，输入直径 125，高度 127，在布尔运算中选择"合并"，选择合并的体为图 8.9 所示圆柱体，单击"确定"按钮完成创建，生成如图 8.10 所示凸台。

图 8.9　创建圆柱体

图 8.10　创建凸台

（3）选择菜单【插入】|【设计特征】|【孔】，弹出"孔"对话框。在下拉列表中选择孔的类型为"简单"，"孔大小"选择"定制"，输入孔径 81，单击选项条中的"捕捉点"，下拉选项中找到"圆弧中心"，选择图 8.10 所示凸台的顶面圆心作为孔口的中心位置；在"孔方向"下拉列表中选择"垂直于面"；在"深度限制"下拉列表中选择"值"，输入孔深 22，顶锥角 0，单击"应用"按钮完成创建，生成如图 8.11 所示平底孔。

（4）在"孔"对话框中，输入孔径 67，捕捉图 8.11 所示孔的底面圆心作为孔的顶面中心位置，输入孔深 100，顶锥角 0，其他设置同上，单击"应用"按钮，生成如图 8.12 所示孔。

（5）在"孔"对话框中，输入孔径 90，捕捉图 8.12 所示孔的底面圆心作为孔的顶面中心位置，输入孔深 65，顶锥角 0，其他设置同上，单击"确定"按钮，生成如图 8.13 所示孔。

图 8.11　生成平底孔

图 8.12　生成孔

图 8.13　生成底部通孔

（6）在"主页"功能选项卡中单击"倒斜角"命令按钮，系统弹出"倒斜角"对话框。选择图 8.2 中 4 处需要倒角的边，"横截面"选择对称，输入距离 2，单击"确定"按钮完成创建，生成如图 8.14 所示倒斜角。

（7）在"主页"功能选项卡中单击"边倒圆"命令按钮，系统弹出"边倒圆"对话框。选择图 8.2 中 2 处需要倒圆角的边，"连续性"选择 G1（相切），"形状"选择圆形，输入半径 3，单击"确定"按钮完成创建，生成如图 8.15 所示倒圆角。

（8）选择菜单【插入】|【设计特征】|【孔】，弹出"孔"对话框。在下拉列表中选择孔的类型为"有螺纹"，"标准"选择"GB193"，"大小"选择"M12×1.75"，下拉"螺纹深度类型"选择"定制"，输入螺纹深度 16，单击选项条中"象限点"按钮，下拉选项中找到"象限点"，选择图 8.11 中 φ81 孔口的边作为孔口的中心位置；在"孔方向"下拉列表中选择"沿矢量"；在"深度限制"下拉列表中选择"值"，输入孔深 18，顶锥角 118，单击"确定"按钮完成创建，生成如图 8.16 所示螺纹孔。

图 8.14　倒斜角

图 8.15　倒圆角

图 8.16　生成螺纹孔

3．绘制工程图

（1）进入制图模块后，选择菜单【插入】|【图纸页】，弹出"图纸页"对话框。单位设置为"毫米"，在模板中选择"A4-无视图"模板，名称默认，点击"确定"按钮创建立向放置的 A4 图纸页。

（2）选择菜单【插入】|【视图】|【基本】，系统弹出"基本视图"对话框。在对话框"模型视图"区域中的下拉选项中选择"俯视图"，在"比例"区域的比例下拉选项中选择比例"1:2"，将其放在图纸适当位置，单击"关闭"按钮。

（3）单击俯视图的边框，右击边框，在下拉选项中找到"设置"，单击"隐藏线"，下拉线型框找到虚线线型，单击虚线线型，单击"确定"按钮，然后俯视图中的虚线就可显示，结果如图 8.17 所示。

（4）单击"主页"选项卡上"视图"组中的"断开视图"按钮，系统弹出"断开视图"对话框。在类型区域选择断开视图的类型为单侧；选择图 8.17 所示俯视图作为主模型视图，在对话框的方向区域指定 YC 方向为断裂方向，在设置区域取消选中"显示断裂线"复选框，在俯视图上指定断裂线位置，单击"确定"按钮。单击"曲线"工具条上的"艺术样条"按钮，系统弹出"艺术样条"对话框。用样条曲线修复俯视图断裂处的边界，双击俯视图中的中心线，系统弹出"中心标记"对话框。勾选"设置区域"中的"单独设置延伸"复选框，则可调整中心线长度，结果如图 8.18 所示。

（5）单击"主页"选项卡上"视图"组中的"剖视图"按钮，系统弹出"剖视图"对话框。在对话框"剖切线"区域中，下拉"定义"选项框选择"动态"，下拉"方法"选项框选择"简单剖/阶梯剖"，以俯视图中底座的前后对称平面作为"截面线段"的指定位置，单击该指定位置，将剖视图移动到相应位置，完成全剖视图的创建，结果如图 8.19 所示。

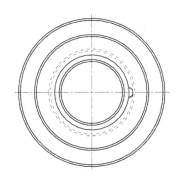　　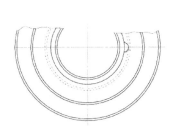　　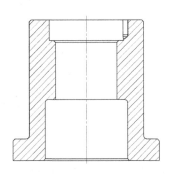

图 8.17　添加俯视图　　　　图 8.18　添加断开视图　　　　图 8.19　添加全剖视图

（6）选择菜单【文件】|【首选项】|【制图】，弹出"制图首选项"对话框。在左侧选择框内单击"文本"，单击"单位"，左侧出现"单位选择框"，设置单位为"毫米"，小数位数为 0，小数分隔符为句点，取消选中"显示后置零"复选框。

（7）单击俯视图的边框，右击边框，在下拉选项中找到"截面"，单击"截面"，下拉选项中找到"标签"，单击"标签"，右侧出现对话框。删去"标签"区域中"前缀"一栏的"SECTION"，修改字符高度因子为 2。

（8）单击"尺寸"工具条上的相应按钮，标注主视图上的水平尺寸、竖直尺寸、圆柱尺寸、圆角和倒角尺寸。

（9）选择菜单【首选项】|【制图】，弹出"制图首选项"对话框。找到对应标签设置尺寸线和尺寸箭头类型、尺寸文本类型和大小、尺寸标注样式、尺寸单位等。

（10）选择菜单【插入】|【注释】|【表面粗糙度符号】，弹出"表面粗糙度"对话框。单击"属性"区域的"除料"，选择"修饰符，需要除料"，在对应位置输入表面粗糙度数值，单击"指引线"区域的"选择终止对象"，在图上选择要标注表面粗糙度的边，单击"关闭"按钮，结果如图 8.20 所示。

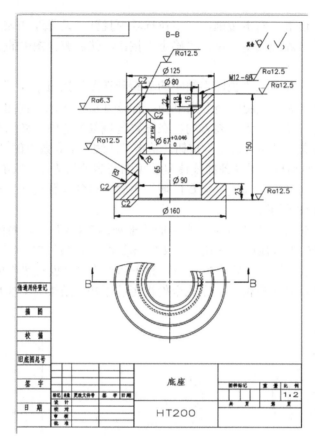

图 8.20 底座零件图

8.2.2 螺套 2 设计

1. 新建部件文件

选择菜单【文件】|【新建】，弹出"新建"对话框。在模板中选择"模型"模板，单位设置为"毫米"，新建部件文件"螺套 2.prt"，进入建模模板。

2. 三维建模

（1）选择菜单【插入】|【设计特征】|【圆柱】，弹出"圆柱"对话框。选择"轴、直径和高度"建模方式，以 ZC 正方向为轴线方向，指定点（0，0，0）作为底面圆心位置，输入直径80，高度 22，单击"确定"按钮完成创建，生成如图 8.21 所示圆柱体。

（2）选择菜单【插入】|【设计特征】|【圆柱】，弹出"圆柱"对话框。选择"轴、直径和高度"建模方式，以 ZC 正方向为轴线方向，指定点（0，0，22）作为底面圆心位置，输入直径 67，高度 63，在布尔运算中选择"合并"，选择合并的体为图 8.21 所示圆柱体，单击"确定"按钮完成创建，生成如图 8.22 所示凸台。

（3）选择菜单【插入】|【设计特征】|【孔】，弹出"孔"对话框。在下拉列表中选择孔的类型为"简单"，"孔大小"选择"定制"，输入孔径 42，单击选项条中的"捕捉点"，下拉选项中找到"圆弧中心"，选择图 8.22 所示凸台的顶面圆心作为孔口的中心位置；在"孔方向"下拉列表中选择"垂直于面"；在"深度限制"下拉列表中选择"贯通体"，单击"确定"按钮完

成创建，生成如图 8.23 所示通孔。

（4）在"主页"功能选项卡中单击"倒斜角"命令按钮，系统弹出"倒斜角"对话框。选择需要倒角的边，"横截面"选择对称，输入距离 2，单击"确定"按钮完成创建，生成如图 8.24 所示倒斜角。

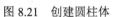

图 8.21　创建圆柱体　　　　图 8.22　创建凸台　　　　图 8.23　生成通孔　　　　图 8.24　倒斜角

（5）在"主页"功能选项卡中单击"螺旋"命令按钮，系统弹出"螺旋"对话框。单击"坐标系对话框"按钮，系统弹出"坐标系"对话框。单击"操控器"区域的"点对话框"按钮，系统弹出"点"对话框。输入坐标点（0，0，20），单击"确定"按钮，再次单击"确定"按钮，系统跳回"坐标系"对话框。设置"方位"区域内角度为 0，"大小"区域内点选"半径"，"规律类型"选择"恒定"，输入值 20；"步距"区域内"规律类型"选择"恒定"，输入值 8，"长度"区域内"方法"选择"圈数"，输入圈数 15，"旋转方向"选择"右手"，单击"确定"按钮完成创建，生成如图 8.25 所示螺旋线。

（6）在"主页"功能选项卡中单击"螺旋"命令按钮，系统弹出"螺旋"对话框。单击"坐标系对话框"按钮，系统弹出"坐标系"对话框。单击"操控器"区域的"点对话框"按钮，系统弹出"点"对话框。输入坐标点（0，0，20），单击"确定"按钮，再次单击"确定"按钮，系统跳回"坐标系"对话框。设置"方位"区域内角度为 0，"大小"区域内点选"半径"，"规律类型"选择"恒定"，输入值 25.5；"步距"区域内"规律类型"选择"恒定"，输入值 8，"长度"区域内"方法"选择"圈数"，输入圈数 15，"旋转方向"选择"右手"，单击"确定"按钮完成创建，生成如图 8.26 所示螺旋线。

（7）重复步骤（5），将螺旋线的起始坐标点都改为（0，0，16），单击"确定"按钮完成创建。重复步骤（6），将螺旋线的起始坐标点都改为（0，0，16），单击"确定"按钮完成创建，生成如图 8.27 所示的共 4 条螺旋线。

（8）在"曲线"功能选项卡中单击"直线"命令按钮，系统弹出"直线"对话框。将图 8.27 中生成的 4 条螺旋线的起点依次连接，生成如图 8.28 所示方形截面线。

图 8.25　创建螺旋线 1　　　图 8.26　创建螺旋线 2　　　图 8.27　4 条螺旋线　　　图 8.28　方形截面线

（9）选择菜单【插入】|【扫掠】。在"截面"区域中，选择图 8.26 中的方形截面线作为"截面 1"，在引导线区域中，选择图 8.25 中的第一条螺旋线作为"引导 1"，单击"添加新引导" ⊕，选择图 8.25 中的第二条螺旋线作为"引导 2"，单击"添加新引导" ⊕，选择图 8.27 中的第三条螺旋线作为"引导 3"，单击"确定"按钮完成创建，结果如图 8.29 所示。

（10）选择菜单【插入】|【组合】|【减去】，系统弹出"减去"对话框。在"目标"区域中，选择圆柱体，在"工具"区域中，选择图 8.29 中生成的扫掠体，单击"确定"按钮完成创建，结果如图 8.30 所示。

（11）选择菜单【插入】|【设计特征】|【孔】，系统弹出"孔"对话框。在下拉列表中选择孔的类型为"有螺纹"，"标准"选择"GB193"，"大小"选择"M12×1.75"，下拉"螺纹深度类型"选择"定制"，输入螺纹深度 16，单击选项条中"象限点"按钮 ⊕·，下拉选项中找到"象限点" ◇，鼠标靠近实体底面圆边，自动选择象限点作为螺纹孔的中心位置；在"孔方向"下拉列表中选择"垂直于面"，在"深度限制"下拉列表中选择"贯通体"，单击"确定"按钮完成创建，生成如图 8.31 所示螺纹孔。

图 8.29　扫掠　　　　　　　　图 8.30　减去扫掠体　　　　　　图 8.31　创建螺纹孔

3. 绘制工程图

（1）进入制图模块后，选择菜单【插入】|【图纸页】，弹出"图纸页"对话框。单位设置为"毫米"，在模板中选择"A3-无视图"模板，名称默认，单击"确定"按钮创建横向放置的 A3 图纸页。

（2）选择菜单【插入】|【视图】|【基本】，弹出"基本视图"对话框。在对话框"模型视图"区域的下拉选项中选择"俯视图"，单击"确定"按钮返回"基本视图"对话框。在"比例"区域的比例下拉选项中选择比例"1:1"，将其放在图纸适当位置，结果如图 8.32 所示。

（3）单击"主页"工具条中视图区域的"剖视图"按钮 🔲，系统弹出"剖视图"对话框。在对话框"剖切线"区域中，下拉"定义"选项框选择"动态"，下拉"方法"选项框选择"简单剖/阶梯剖"，以俯视图中底座的前后对称平面作为"截面线段"的指定位置，单击该指定位置，将剖视图移动到相应位置，完成全剖视图的创建。单击俯视图的边框，右击边框，在下拉选项中找到"截面"，单击"截面"，下拉选项中找到"标签"，单击"标签"，右侧出现对话框。删去"标签"区域中"前缀"一栏的"SECTION"，修改字符高度因子为 2，结果如图 8.33 所示。

（4）单击"主页"工具条中视图区域的"局部放大图"按钮 ✍，系统弹出"局部放大图"对话框。在对话框"剖切线"区域中，下拉选项选择类型为"圆形"，在对话框"父视图"区域中，选择图 8.33 的主视图作为父视图，在对话框"父视图"区域中，以矩形螺纹孔的边界指定中心点和边界。设置比例为 2:1；标签选择为"注释"，将局部放大图移至合适位置，双击标签，系统弹出"设置"对话框。删去"标签"区域中"前缀"内的"DETAIL"，选择字母格式为"A"，"字符高度因子"为 2；删去"比例"区域中"前缀"内的"SCALE"，选择数值格式为"X:Y 比率"，"字符高度因子"为 2。单击"草图"工具条中的"直线"命令按钮╱，将字母和比数值隔开，结果如图 8.34 所示。

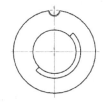
图 8.32　添加俯视图

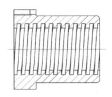
图 8.33　全剖的主视图

图 8.34　局部放大图

（5）选择菜单【文件】|【首选项】|【制图】，弹出"制图首选项"对话框。在左侧选择框内单击"文本"，单击"单位"，左侧出现"单位选择框"，设置单位为"毫米"，小数位数为 0，小数分隔符为句点，取消选中"显示后置零"复选框。

（6）单击"尺寸"工具条上的相应按钮，标注水平尺寸、竖直尺寸、圆柱尺寸和倒角尺寸等。

（7）选择菜单【文件】|【首选项】|【制图】，弹出"制图首选项"对话框。找到对应标签设置尺寸线和尺寸箭头类型、尺寸文本类型和大小、尺寸标注样式、尺寸单位等。

（8）选择菜单【插入】|【注释】|【表面粗糙度符号】，弹出"表面粗糙度"对话框。单击"属性"区域的"除料"，选择"修饰符，需要除料"，在对应位置输入表面粗糙度数值，单击"指引线"区域的"选择终止对象"，在图上选择要标注表面粗糙度的边，结果如图 8.35 所示。

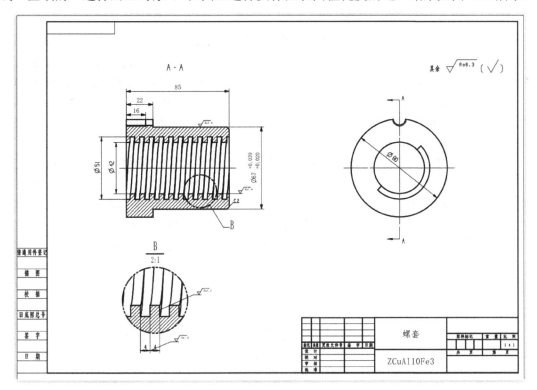
图 8.35　螺套零件图

8.2.3　紧定螺钉 3 设计

1. 新建部件文件

选择菜单【文件】|【新建】，弹出"新建"对话框，在模板中选择"模型"模板，单位设置为"毫米"，新建部件文件"紧定螺钉 3.prt"，进入建模模板。

2. 三维建模

（1）选择菜单【插入】|【设计特征】|【圆柱】，弹出"圆柱"对话框，选择"轴、直径和高度"建模方式，以 ZC 正方向为轴线方向，指定点（0，0，0）作为底面圆心位置，输入直径12.7，高度 14，单击"确定"按钮完成创建，生成如图 8.36 所示圆柱体。

（2）在"主页"功能选项卡中单击"倒斜角"命令按钮，系统弹出"倒斜角"对话框。选择图 8.36 中圆柱体底面的边，"横截面"选择"对称"，输入距离 1.75，单击"应用"按钮完成创建；再选择图 8.36 中圆柱体顶面的边，"横截面"选择"对称"，输入距离 1，单击"确定"按钮完成创建，生成如图 8.37 所示倒斜角。

图 8.36　创建圆柱体　　　　　　　　　　图 8.37　倒斜角

（3）选择菜单【插入】|【设计特征】|【拉伸】，弹出"拉伸"对话框，单击"绘制截面"按钮，系统弹出"创建草图"对话框，下拉列表中选择"基于平面"，单击选择 YZ 基准平面，看到 YZ 基准平面上出现"草图"两个字，单击"确定"按钮完成创建，绘制如图 8.38 所示截面草图，单击"完成"按钮退出草图。在"拉伸"对话框"限制"区域中"起始"下拉列表中选择"贯通"，"终止"下拉列表中选择"贯通"，"布尔"区域中"布尔"下拉列表中选择"减去"，单击"确定"按钮完成创建，生成如图 8.39 所示矩形槽。

（4）选择菜单【插入】|【设计特征】|【螺纹】，弹出"螺纹"对话框，下拉螺纹类型选项选择"符号"螺纹，单击"面"区域中的"选择圆柱"，选择图 8.38 中的圆柱面，在"牙型"区域中，下拉"螺纹标准"选择"Metric Coarse"，勾选"使螺纹规格与圆柱匹配"，螺纹规格选择"M12×1.75"，旋向为右旋，螺纹头数为 1；在"限制"区域中下拉"螺纹限制"选择"完整"，其他采用系统默认设置，单击"确定"按钮完成创建，结果如图 8.40 所示。

图 8.38　截面草图　　　　　　图 8.39　矩形槽　　　　　　图 8.40　生成螺纹

8.2.4 螺杆 4 设计

1. 新建部件文件

选择菜单【文件】|【新建】，弹出"新建"对话框，在模板中选择"模型"模板，单位设置为"毫米"，新建部件文件"螺杆 4.prt"，进入建模模板。

2. 三维建模

（1）选择菜单【插入】|【设计特征】|【旋转】，弹出"旋转"对话框，单击"绘制截面"按钮 ，系统弹出"创建草图"对话框，下拉列表中选择"基于平面"，单击选择 YZ 平面，看到 YZ 平面上出现"草图"两个字，单击"确定"按钮完成创建，绘制如图 8.41 所示截面草图，单击"完成"按钮 退出草图。在"旋转"对话框"轴"区域中选择 Z 轴作为"指定矢量"，在"旋转"对话框"限制"区域中"起始"下拉列表中选择"值"，输入角度 0，"终止"下拉列表中选择"值"，输入角度 360，单击"确定"按钮完成创建，生成如图 8.42 所示的阶梯轴。

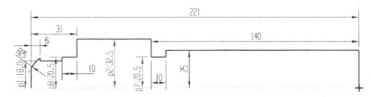

图 8.41　截面草图

图 8.42　阶梯轴

（2）选择菜单【插入】|【设计特征】|【孔】，弹出"孔"对话框，在下拉列表中选择孔的类型为"简单"，"孔大小"选择"定制"，输入孔径 22，在"位置"区域内单击"绘制截面"按钮，系统弹出"创建草图"对话框，单击 XZ 平面作为草图平面，以基准坐标系的 Z 轴正半轴作为草图 X 轴的正半轴，单击"确定"按钮，系统弹出"草图点"对话框，单击"点对话框"，系统弹出"点"对话框，输入（0，0，165），单击"确定"按钮，单击"完成草图"退出草图环境。在"孔方向"下拉列表中选择"垂直于面"；在"深度限制"下拉列表中选择"贯通体"，单击"确定"按钮完成创建。重复前面的步骤，以 XY 平面作为草图平面，输入点的坐标（0，0，165），单击"确定"按钮完成创建，生成如图 8.43 所示通孔。

图 8.43　通孔

（3）在"主页"功能选项卡中单击"螺旋"命令按钮 ，系统弹出"螺旋"对话框。单击"坐标系对话框"按钮 ，系统弹出"坐标系"对话框，单击"操控器"区域的"点对话框"按钮 ，系统弹出"点"对话框，输入坐标点（0，0，-5），单击"确定"按钮，再次单击"确定"按钮，系统跳回"坐标系"对话框。设置"方位"区域内角度为0，"大小"区域内点选"半径"，"规律类型"选择"恒定"，输入值 20.5；"步距"区域内"规律类型"选择"恒定"，输入值8，"长度"区域内"方法"选择"圈数"，输入圈数18，"旋转方向"选择"右手"，单击"确定"按钮完成创建，生成如图 8.44 所示螺旋线。

（4）在"主页"功能选项卡中单击"螺旋"命令按钮 ，系统弹出"螺旋"对话框。单击"坐标系对话框"按钮 ，系统弹出"坐标系"对话框，单击"操控器"区域的"点对话框"按钮 ，系统弹出"点"对话框，输入坐标点（0，0，-5），单击"确定"按钮，再次单击"确定"按钮，系统跳回"坐标系"对话框。设置"方位"区域内角度为0，"大小"区域内点选"半径"，"规律类型"选择"恒定"，输入值 25.5；"步距"区域内"规律类型"选择"恒定"，输入值8，"长度"区域内"方法"选择"圈数"，输入圈数18，"旋转方向"选择"右手"，单击"确定"按钮完成创建，生成如图 8.45 所示螺旋线。

图 8.44　第一条螺旋线　　　　　　　　　　　　图 8.45　第二条螺旋线

（5）重复步骤（3），将螺旋线的起始坐标点都改为（0，0，-9），单击"确定"按钮完成创建。重复步骤（4），将螺旋线的起始坐标点都改为（0，0，-9），单击"确定"按钮完成创建，生成如图 8.46 所示的共 4 条螺旋线。

（6）在"曲线"功能选项卡中单击"直线"命令按钮 ，系统弹出"直线"对话框。将图 8.46 中生成的 4 条螺旋线的起点依次连接，生成如图 8.47 所示方形截面线。

图 8.46　4 条螺旋线　　　　　　　　　　　　　图 8.47　方形截面线

（7）选择菜单【插入】|【扫掠】。在"截面"区域中，选择图 8.47 中的方形截面线作为"截面 1"，在引导线区域中，选择图 8.44 中的第一条螺旋线作为"引导 1"，单击"添加新引导"按钮 ，选择图 8.45 中的第二条螺旋线作为"引导 2"，单击"添加新引导"按钮 ，选择图 8.46 中的第三条螺旋线作为"引导 3"，单击"确定"按钮完成创建，结果如图 8.48 所示。

（8）选择菜单【插入】|【组合】|【减去】，系统弹出"减去"对话框。在"目标"区域中，选择圆柱体，在"工具"区域中，选择图 8.48 中生成的扫掠体，单击"确定"按钮完成创建，结果如图 8.49 所示。

图 8.48　沿引导线扫掠

图 8.49　减去扫掠体

3．绘制工程图

（1）进入制图模块后，选择菜单【插入】|【图纸页】，弹出"图纸页"对话框。单位设置为"毫米"，在模板中选择"A3-无视图"模板，名称默认，单击"确定"按钮创建横向放置的 A3 图纸页。

（2）选择菜单【插入】|【视图】|【基本】，弹出"基本视图"对话框。在对话框"模型视图"区域的下拉选项中选择"左视图"，单击"定向视图工具"按钮 ，将视图调整到合适位置，单击"确定"按钮返回"基本视图"对话框，在"比例"区域比例下拉选项中选择比例"1∶1"，将其放在图纸适当位置，结果如图 8.50 所示。

（3）右击左视图的边框，单击"激活草图"选项，单击"草图"工具条中草图区域的"样条"按钮 ，绘制如图 8.51 所示局部剖视图的边界线。单击"主页"工具条中视图区域的"局部剖视图"按钮 ，系统弹出"局部剖视图"对话框。选择图 8.50 所示的左视图作为要剖切的视图，选择图 8.51 所绘制的边界内的点作为基点，选择绘制的艺术样条作为局部剖视图边界线，单击"确定"按钮完成创建，生成如图 8.52 所示局部剖视图。

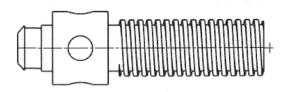

图 8.50　添加左视图

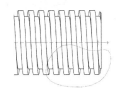

图 8.51　绘制边界线

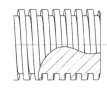

图 8.52　局部剖视图

（4）单击"主页"工具条中视图区域的"局部放大图"按钮 ，系统弹出"局部放大图"对话框。在对话框"剖切线"区域中，下拉选项选择类型为"圆形"，在对话框"父视图"区域中，选择图 8.50 的左视图作为父视图，在对话框"父视图"区域中，以图 8.51 所示的矩形螺纹孔的边界，指定中心点和边界。设置比例为 2∶1；标签选择为注释，将局部放大图移至合适位置，双击标签，系统弹出"设置"对话框，删去"标签"区域中"前缀"内的"DETAIL"，选择字母格式为"A"，"字符高度因子"为 2；删去"比例"区域中"前缀"内的"SCALE"，选择数值格式为"X∶Y 比率"，"字符高度因子"为 2。单击"草图"工具条中的"直线"命令，将字母和比数值隔开，结果如图 8.53 所示。

（5）单击"主页"工具条中视图区域的"剖视图"按钮 ，系统弹出"剖视图"对话框。在对话框"剖切线"区域中，下拉"定义"选项框选择"动态"，下拉"方法"选项框选择"简单剖/阶梯剖"，以左视图中 $\phi 22$ 的轴线作为"截面线段"的指定位置，单击该指定位置，将剖视图移动到相应位置，完成移出断面图的创建，结果如图 8.54 所示。

（6）单击"尺寸"工具条上的相应按钮，标注各水平尺寸、竖直尺寸、圆柱尺寸和倒角尺寸等。

（7）选择菜单【首选项】|【制图】，弹出"制图首选项"对话框。找到对应标签设置尺寸

线和尺寸箭头类型、尺寸文本类型和大小、尺寸标注样式、尺寸单位等。

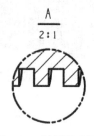

图 8.53　局部放大图

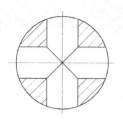

图 8.54　移出断面图

（8）选择菜单【插入】|【注释】|【表面粗糙度符号】，弹出"表面粗糙度"对话框，单击"属性"区域的"除料"，选择"修饰符，需要除料"，在对应位置输入表面粗糙度数值，单击"指引线"区域的"选择终止对象"，在图上选择要标注表面粗糙度的边，最后结果如图 8.55 所示。

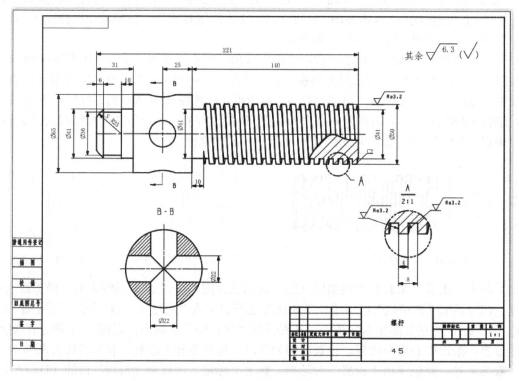

图 8.55　螺杆零件图

8.2.5　绞杆 5 设计

1．新建部件文件

选择菜单【文件】|【新建】，弹出"新建"对话框，在模板中选择"模型"模板，单位设置为"毫米"，新建部件文件"绞杆 5.prt"，进入建模模板。

2．三维建模

（1）选择菜单【插入】|【设计特征】|【圆柱】，弹出"圆柱"对话框，选择"轴、直径和

高度"建模方式，以 ZC 正方向为轴线方向，指定点（0，0，0）作为底面圆心位置，输入直径 20，高度 300，单击"确定"按钮完成创建，生成如图 8.56 所示圆柱体。

图 8.56　创建圆柱体

（2）在【主页】功能选项卡中单击"倒斜角"命令按钮，系统弹出"倒斜角"对话框。选择圆柱的两端，"横截面"选择"对称"，输入距离 2，单击"确定"按钮完成创建，生成如图 8.57 所示倒斜角。

图 8.57　倒斜角

3. 绘制工程图

（1）进入制图模块后，选择菜单【插入】|【图纸页】，弹出"图纸页"对话框，单位设置为"毫米"，在模板中选择"A3-无视图"模板，名称默认，单击"确定"按钮创建横向放置的 A3 图纸页。

（2）选择菜单【插入】|【视图】|【基本】，弹出"基本视图"对话框。在对话框"模型视图"区域中下拉选项中选择"前视图"，单击"定向视图工具"按钮将视图调整到合适位置，单击"确定"按钮返回"基本视图"对话框，在"比例"区域的比例下拉选项中选择比例"1:1"，将其放在图纸适当位置，生成图 8.58 所示前视图。

图 8.58　前视图

（3）单击"主页"工具条上的"断开视图"按钮，系统弹出"断开视图"对话框，在类型区域选择断开视图的类型为"常规"；选择图 8.57 的前视图作为主模型视图，在对话框的方向区域指定 XC 方向为断裂方向，分别指定断裂线 1、2 的锚点，输入"设置"区域中的延伸 1、2 的值为 0，勾选"显示断裂线"复选框，单击"确定"按钮，生成如图 8.59 所示断开视图。

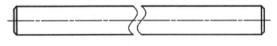

图 8.59　断开视图

（4）单击"尺寸"工具条上的相应按钮，标注各水平尺寸、圆柱尺寸、倒角尺寸等。

（5）选择菜单【插入】|【注释】|【表面粗糙度符号】，弹出"表面粗糙度"对话框，单击"属性"区域的"除料"，选择"修饰符，需要除料"，在对应位置输入表面粗糙度数值，单击"指引线"区域的"选择终止对象"，在图上选择要标注表面粗糙度的边，结果如图 8.60 所示。

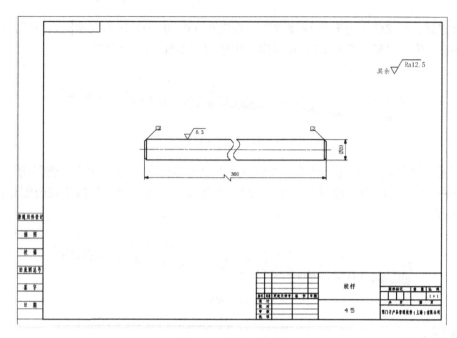

图 8.60　绞杆零件图

8.2.6　压盖 6 设计

1. 新建部件文件

选择菜单【文件】|【新建】，弹出"新建"对话框，在模板中选择"模型"模板，单位设置为"毫米"，新建部件文件"压盖 6.prt"，进入建模模板。

2. 三维建模

（1）选择菜单【插入】|【设计特征】|【圆柱】，弹出"圆柱"对话框，选择"轴、直径和高度"建模方式，以 ZC 正方向为轴线方向，指定点（0，0，0）作为底面圆心位置，输入直径 65，高度 44，单击"确定"按钮完成创建，生成如图 8.61 所示圆柱体。

（2）在【主页】功能选项卡中单击"倒斜角"命令按钮，系统弹出"倒斜角"对话框。选择图 8.61 中圆柱的顶边，"横截面"选择"非对称"，输入距离 1 为 10，距离 2 为 14.5，单击"确定"按钮完成创建，生成如图 8.62 所示倒斜角。

（3）选择菜单【插入】|【设计特征】|【球】，弹出"球"对话框，选择"中心点和直径"建模方式，指定中心点位置为（0，0，5），输入直径 50，单击"确定"按钮完成创建，生成如图 8.63 所示球体。

图 8.61　生成圆柱体

图 8.62　倒斜角

图 8.63　创建球体

（4）在"主页"功能选项卡中单击"修剪体"命令按钮 ，选择球体作为目标体，选择圆柱体的底面作为工具面，单击"确定"按钮完成创建，结果如图 8.64 所示。

（5）选择菜单【插入】|【设计特征】|【圆柱】，弹出"圆柱"对话框，选择"轴、直径和高度"建模方式，以 ZC 正方向为轴线方向，指定点（0，0，0）作为底面圆心位置，输入直径42，高度35，单击"确定"按钮完成创建，生成如图 8.65 所示圆柱体。

（6）选择菜单【插入】|【组合】|【求交】，弹出"求交"对话框，选择图 8.66 所示内部圆柱体作为目标体，选择修剪过的球体作为工具体，单击"确定"按钮；选择菜单【插入】|【组合】|【减去】，弹出"减去"对话框，选择图 8.61 所示圆柱体作为目标体，选择相交体作为工具体，单击"确定"按钮完成创建，生成结果如图 8.67 所示。

图 8.64　修剪体

图 8.65　生成内部圆柱体

图 8.66　求交

（7）选择菜单【插入】|【设计特征】|【孔】，弹出"孔"对话框，在下拉列表中选择孔的类型为"简单"，输入孔径 10.3，单击"绘制截面"按钮，绘制草图后在"孔方向"下拉列表中选择"垂直于面"；在"深度限制"下拉列表中选择"贯通体"，单击"确定"按钮完成创建，生成如图 8.68 所示通孔。

（8）选择菜单【插入】|【设计特征】|【孔】，弹出"螺纹"对话框，下拉螺纹类型选项选择"符号"螺纹，单击"面"区域中的"选择圆柱"，选择图 8.68 所示的通孔的内圆表面，在"牙型"区域中，下拉"螺纹标准"选择"Metric Coarse"，勾选"使螺纹规格与圆柱匹配"，螺纹规格选择"M12×1.75"，旋向为右旋，螺纹头数为1；在"限制"区域中"螺纹限制"选择"完整"，其他采用系统默认设置，单击"确定"按钮完成创建，结果如图 8.69 所示。

图 8.67　减去体

图 8.68　通孔

图 8.69　螺纹孔

3．绘制工程图

（1）选择菜单【文件】|【新建】，弹出"新建"对话框，在模板中选择"模型"模板，单位设置为"毫米"，在模板中选择"A4-无视图"模板，名称默认，单击"确定"按钮创建横向放置的 A4 图纸页。

（2）选择菜单【插入】|【视图】|【基本】，系统弹出"基本视图"对话框。在对话框"模型视图"区域中的下拉选项中选择"俯视图"，单击"定向视图工具"按钮 将视图调整到合

适位置，单击"确定"按钮返回"基本视图"对话框，在"比例"区域的比例下拉选项中选择比例"1:1"，将其放在图纸适当位置，生成图 8.70 所示俯视图。

（3）单击"主页"工具条中视图区域的"剖视图"按钮 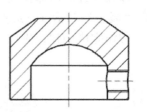，系统弹出"剖视图"对话框。在对话框"剖切线"区域中，下拉"定义"选项框选择"动态"，下拉"方法"选项框选择"简单剖/阶梯剖"，以俯视图中底座的前后对称平面作为"截面线段"的指定位置，单击该指定位置，将剖视图移动到相应位置，然后按<Esc>键结束，完成剖视图的创建，结果如图 8.71 所示。

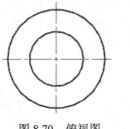

图 8.70　俯视图　　　　　　　图 8.71　剖视图

（4）单击"尺寸"工具条上的相应按钮，标注主视图上的竖直尺寸、圆柱尺寸、倒角尺寸等。

（5）选择菜单【插入】|【注释】|【表面粗糙度符号】，弹出"表面粗糙度"对话框，单击"属性"区域的"除料"，选择"修饰符，需要除料"，在对应位置输入表面粗糙度数值，单击"指引线"区域的"选择终止对象"，在图上选择要标注表面粗糙度的边，结果如图 8.72 所示。

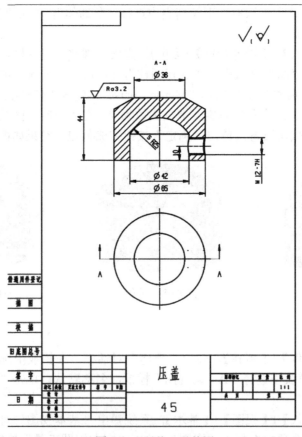

图 8.72　压盖 6 零件图

8.2.7　紧定螺钉 7 设计

1. 新建部件文件

选择菜单【文件】|【新建】，弹出"新建"对话框，在模板中选择"模型"模板，单位设置为"毫米"，新建部件文件"紧定螺钉 7.prt"，进入建模模板。

2. 三维建模

（1）选择菜单【插入】|【设计特征】|【圆柱】，弹出"圆柱"对话框，选择"轴、直径和高度"建模方式，以 ZC 正方向为轴线方向，指定点（0，0，0）作为底面圆心位置，输入直径12.7，高度 7.7，单击"确定"按钮完成创建，生成如图 8.73 所示圆柱体。

（2）在"主页"功能选项卡中单击"倒斜角"命令按钮，系统弹出"倒斜角"对话框。选择圆柱的顶边，"横截面"选择"对称"，输入距离 1，单击"应用"按钮，选择圆柱的底边，"横截面"选择"对称"，输入距离 1.75，单击"确定"按钮完成创建，生成如图 8.74 所示倒斜角。

（3）选择菜单【插入】|【设计特征】|【圆柱】，弹出"圆柱"对话框，选择"轴、直径和高度"建模方式，以 ZC 负方向为轴线方向，指定点（0，0，0）作为底面圆心位置，输入直径8.5，高度 6.3，单击"确定"按钮完成创建，生成如图 8.75 所示圆柱体。

图 8.73　创建圆柱体　　　　　　图 8.74　倒斜角　　　　　　图 8.75　创建圆柱体

（4）在"主页"功能选项卡中单击"拉伸"命令按钮，系统弹出"拉伸"对话框，单击"绘制截面"按钮，系统弹出"创建草图"对话框，下拉列表中选择"基于平面"，单击选择 yoz 基准平面，看到 yoz 基准平面上出现"草图"两个字，单击"确定"按钮完成创建，绘制如图 8.76 所示截面草图，单击"完成"按钮退出草图。在"拉伸"对话框"限制"区域中"起始"下拉列表中选择"贯通"选项，"终止"下拉列表中选择"贯通"选项，"布尔"区域的下拉列表中选择"减去"，单击"确定"按钮完成创建，生成如图 8.77所示矩形槽。

（5）选择菜单【插入】|【设计特征】|【螺纹】，系统弹出"螺纹"对话框。下拉螺纹类型选项选择"符号"螺纹，单击"面"区域中的"选择圆柱"，选择图 8.70 中的圆柱面，在"牙型"区域中，下拉"螺纹标准"选择"Metric Coarse"，勾选"使螺纹规格与圆柱匹配"，螺纹规格选择"M12×1.75"，旋向为右旋，螺纹头数为 1；在"限制"区域中下拉"螺纹限制"选择"完整"，其他采用系统默认设置，单击"确定"按钮完成创建，结果如图 8.78所示。

图 8.76　截面草图

图 8.77　矩形槽

图 8.78　生成螺纹

8.3　螺旋千斤顶装配设计

8.3.1　装配各部件

（1）新建文件：启动 UG NX 1980 软件，单击"新建"按钮，在模板中选择"装配"模板，单位设置为"毫米"，新建部件文件"螺旋千斤顶装配.prt"，进入装配模板。

（2）导入底座 1：单击"装配"选项卡中的"添加组件"按钮 🔧，系统弹出"添加组件"对话框，单击"打开"按钮 📂，选择"底座 1.prt"，单击"确定"按钮。选择"装配位置"为"绝对坐标系.显示部件"，单击"确定"按钮完成创建，结果如图 8.79 所示。

（3）导入其他部件：单击"装配"选项卡中的"添加组件"按钮 🔧，系统弹出"添加组件"对话框，单击"打开"按钮 📂，依次选择其他部件，单击"确定"按钮，选择"装配位置"为"绝对坐标系.工作部件"，选择"放置"为"移动"，单击"确定"按钮完成创建。

（4）装配螺套 2：在"装配"选项卡中单击"装配约束"命令按钮 🔧，系统弹出"装配约束"对话框，在"约束"区域中选择"接触对齐"选项，选取图 8.80 所示的接触平面 1，再选取图 8.81 所示的接触平面 2，单击"应用"按钮完成约束。在"约束"区域中选择"接触对齐"选项，选取底座的中心线和螺套的中心线，单击"应用"按钮完成约束。在"约束"区域中选择"同心"选项，选取底座上螺纹孔的圆弧边和螺套上螺纹孔的圆弧边，单击"确定"按钮完成约束，装配结果如图 8.82 所示。

图 8.79 导入底座 1

图 8.80　接触平面 1

图 8.81　接触平面 2

图 8.82　装配螺套 2

（5）装配紧定螺钉 3：在"装配"选项卡中单击"装配约束"命令按钮 🔧，系统弹出"装配约束"对话框，在"约束"区域中选择"接触对齐"选项，选择紧定螺钉的中心线和图 8.80 中的螺纹孔的中心线，单击"应用"按钮完成约束。在"约束"区域中选择"接触对齐"选项，选取底座的顶面和紧定螺钉的顶面，单击"确定"按钮完成约束，装配结果如图 8.83 所示。

（6）装配螺杆 4：在"装配"选项卡中单击"装配约束"命令按钮 ，系统弹出"装配约束"对话框，在"约束"区域中选择"接触对齐"选项，选取螺套的中心线和螺杆的中心线，单击"确定"按钮完成约束，装配结果如图 8.84 所示。

图 8.83　装配紧定螺钉 3　　　　　图 8.84　装配螺杆 4

（7）装配绞杆 5：在"装配"选项卡中单击"装配约束"命令按钮 ，系统弹出"装配约束"对话框，在"约束"区域中选择"接触对齐"选项，选取螺杆上 $\phi 22$ 的孔的中心线和绞杆的中心线，单击"应用"按钮完成约束；在"约束"区域中选择"中心"选项，选择"子选项"为"1 对 2"，选择"轴向几何体"为"使用几何体"，选择另一个 $\phi 22$ 的孔的中心线和绞杆的两个端面，单击"确定"按钮完成约束，装配结果如图 8.85 所示。

（8）装配压盖 6：在"装配"选项卡中单击"装配约束"命令按钮 ，系统弹出"装配约束"对话框，在"约束"区域中选择"接触对齐"选项，选取压盖的中心线和螺杆的中心线，单击"应用"按钮完成约束；在"约束"区域中选择"接触对齐"选项，选取压盖内的球面和螺杆顶端的球面，单击"确定"按钮完成约束，装配结果如图 8.86 所示。

图 8.85　装配绞杆 5　　　　　图 8.86　装配压盖 6

（9）装配紧定螺钉 7：在"装配"选项卡中单击"装配约束"命令按钮 ，系统弹出"装配约束"对话框，在"约束"区域中选择"接触对齐"选项，选择紧定螺钉的中心线和压盖上的螺纹孔的中心线，单击"应用"按钮完成约束；在"约束"区域中选择"接触对齐"选项，选取底座的顶面和紧定螺钉的顶面，单击"应用"按钮完成约束；在"约束"区域中选择"距离"选项，选取图 8.87 所示的接触平面 3 和图 8.88 所示的接触平面 4，输入距离值 0，单击"确定"按钮完成约束，装配结果如图 8.89 所示。

图 8.87 接触平面 3

图 8.88 接触平面 4

图 8.89 装配结果

8.3.2 绘制装配工程图

（1）进入制图模块后，单击"主页"选项卡中的"新建图纸页"按钮，或者选择菜单【插入】|【图纸页】，弹出"图纸页"对话框，在模板中选择"A1-无视图"模板，名称默认，单击"确定"按钮创建横向放置的 A1 图纸页。

（2）单击"主页"选项卡中视图区域的"基本视图"按钮，系统弹出"基本视图"对话框。在对话框"模型视图"区域的下拉选项中选择"俯视图"，单击"定向视图工具"按钮，将视图调整到合适位置，单击"确定"按钮返回"基本视图"对话框，在"比例"区域的比例下拉选项中选择比例"1:1"，将其放在图纸适当位置，生成如图 8.90 所示俯视图。

（3）单击"主页"选项卡中视图区域的"剖视图"按钮，系统弹出"剖视图"对话框。在对话框"剖切线"区域中，下拉"定义"选项框选择"动态"，下拉"方法"选项框选择"简单剖/阶梯剖"，以俯视图中底座的前后对称平面作为"截面线段"的指定位置，在"非剖切"区域中选择紧定螺钉 3、螺杆 4、绞杆 5 和紧定螺钉 7 作为非剖切件；单击指定位置，将剖视图移动到相应位置，然后按<Esc>键结束，完成剖视图的创建，结果如图 8.91 所示。

图 8.90 添加俯视图

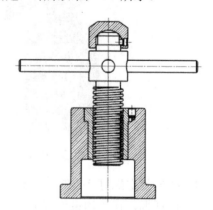

图 8.91 添加剖视图

（4）选择菜单【插入】|【注释】|【注释】，弹出"注释"对话框，标注各零件的序号。

（5）单击"尺寸"工具条上的相应按钮，标注装配尺寸、外形尺寸、性能尺寸等。

（6）单击"表格注释"命令，输入列数和行数分别为 5 和 7，移动到指定位置，在表中输入相应的序号、名称、数量及材料等，结果如图 8.92 所示。

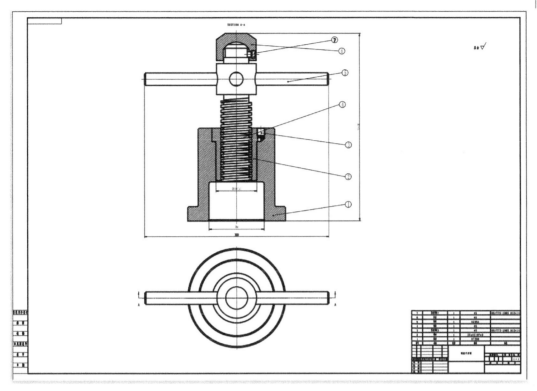

图 8.92　螺旋千斤顶装配图